职业教育
数字媒体应用人才培养系列教材

InDesign CC 2019
实例教程 微课版

陈伟华 岳超 / 主编 黄春媚 张宇 郝建丽 / 副主编

人民邮电出版社
北 京

图书在版编目（CIP）数据

InDesign CC实例教程：微课版 / 陈伟华，岳超主编. -- 北京：人民邮电出版社，2022.2
职业教育数字媒体应用人才培养系列教材
ISBN 978-7-115-57368-1

Ⅰ．①I… Ⅱ．①陈… ②岳… Ⅲ．①电子排版－应用软件－职业教育－教材 Ⅳ．①TS803.23

中国版本图书馆CIP数据核字(2021)第188790号

内 容 提 要

本书全面、系统地介绍 InDesign CC 2019 的基本操作方法和排版设计技巧，具体包括 InDesign CC 2019 入门知识、绘制和编辑图形对象、路径的绘制与编辑、编辑描边与填充、编辑文本、处理图像、版式编排、表格与图层、页面编排、书籍制作、综合设计实训等内容。

本书将软件的功能介绍融入案例的操作过程中，力求使学生快速掌握软件的操作技巧。之后通过课堂练习和课后习题，巩固学生的基础知识，拓展学生的实际应用能力。本书最后一章还精心安排了专业设计公司的几个典型实例，旨在提高学生的艺术设计能力。

本书适合作为高等职业院校数字媒体类专业 InDesign 课程的教材，也可供初级设计人员自学参考。

◆ 主　　编　陈伟华　岳　超
　　副 主 编　黄春媚　张　宇　郝建丽
　　责任编辑　王亚娜
　　责任印制　王　郁　彭志环

◆ 人民邮电出版社出版发行　　北京市丰台区成寿寺路 11 号
　　邮编　100164　电子邮件　315@ptpress.com.cn
　　网址　https://www.ptpress.com.cn
　　涿州市京南印刷厂印刷

◆ 开本：787×1092　1/16
　　印张：15.75　　　　　　　　　2022 年 2 月第 1 版
　　字数：399 千字　　　　　　　2022 年 2 月河北第 1 次印刷

定价：49.80 元

读者服务热线：(010)81055256　印装质量热线：(010)81055316
反盗版热线：(010)81055315
广告经营许可证：京东市监广登字 20170147 号

InDesign 是由 Adobe 公司开发的专业排版软件。它功能强大、易学易用，深受排版人员和平面设计师的喜爱。目前，众多高等职业院校的数字媒体类专业都将 InDesign 作为一门重要的专业课程。为了帮助教师全面、系统地讲授这门课程，使学生能够熟练地使用 InDesign 来进行版式设计，我们几位长期从事 InDesign 教学的教师和专业平面设计公司中经验丰富的设计师合作，共同编写了本书。

我们对本书的编写体系做了精心的设计，按照"课堂案例—软件功能解析—课堂练习—课后习题"这一思路进行编排。在内容组织方面，我们力求细致全面、重点突出；在文字叙述方面，我们注重言简意赅、通俗易懂；在案例选取方面，我们强调案例的针对性和实用性。

为方便教师教学，本书配备了微课视频、PPT 课件、教学大纲、案例素材、效果文件等丰富的教学资源，教师可到人邮教育社区（www.ryjiaoyu.com）免费下载使用。本书的参考学时为 64 学时，其中讲授环节为 42 学时，实训环节为 22 学时，各章的参考学时参见下面的学时分配表。

前 言

章	课程内容	学时分配	
		讲 授	实 训
第 1 章	InDesign CC 2019 入门知识	2	0
第 2 章	绘制和编辑图形对象	4	2
第 3 章	路径的绘制与编辑	2	2
第 4 章	编辑描边与填充	4	2
第 5 章	编辑文本	4	2
第 6 章	处理图像	2	2
第 7 章	版式编排	6	2
第 8 章	表格与图层	4	2
第 9 章	页面编排	6	2
第 10 章	书籍制作	2	2
第 11 章	综合设计实训	6	4
学 时 总 计		42	22

本书由陈伟华、岳超任主编，黄春媚、张宇、郝建丽任副主编。

由于编者水平有限，书中难免存在不妥之处，敬请广大读者批评指正。

编 者

2021 年 6 月

教学辅助资源

素材类型	数量	素材类型	数量
教学大纲	1 份	课堂案例	16 个
电子教案	1 套	课堂练习	10 个
PPT 课件	11 章	微课视频	60 个

配套视频列表

章	视频微课	章	视频微课
第 2 章 绘制和编辑图形对象	制作手机界面	第 7 章 版式编排	制作女装 Banner
	绘制闹钟图标		制作古典台历
	绘制卡通船		制作数码相机广告
	绘制动物图标		制作购物招贴
第 3 章 路径的绘制与编辑	绘制时尚女孩	第 8 章 表格与图层	制作汽车广告
	绘制橄榄球标志		制作旅游广告
	绘制时尚插画		制作房地产广告
	绘制海滨插画	第 9 章 页面编排	制作美妆杂志封面
第 4 章 编辑描边与填充	绘制风景插画		制作美妆杂志内页
	制作时尚卡片		制作房地产画册封面
	绘制电话图标		制作房地产画册内页
	绘制小丑头像	第 10 章 书籍制作	制作美妆杂志目录
第 5 章 编辑文本	制作家具宣传册内页		制作美妆杂志
	制作蔬菜卡		制作房地产画册目录
	制作糕点宣传单		制作房地产画册
	制作糕点宣传单内页	第 11 章 综合设计实训	制作招聘宣传单
第 6 章 处理图像	制作茶叶海报		制作《食客厨房》杂志封面
	制作照片模板		制作牛奶包装
	制作新年卡片		设计手表画册封面
			设计手表画册内页

目录　CONTENTS

CONTENTS

目　录

CONTENTS

01

第1章
InDesign CC 2019 入门知识

本章介绍

　　本章介绍 InDesign CC 2019 的操作界面，对工具箱、面板、文件、视图与窗口的基本操作等进行详细的讲解。通过本章的学习，读者可以了解 InDesign CC 2019 的基本功能，为进一步学习排版打下坚实的基础。

课堂学习目标

- ✔ 认识 InDesign CC 2019 的操作界面
- ✔ 掌握文件的基本操作方法
- ✔ 掌握视图与窗口的基本操作方法

1.1 InDesign CC 2019 的操作界面

本节介绍 InDesign CC 2019 的操作界面，对菜单栏、控制面板、工具箱、面板及状态栏进行详细的讲解。

1.1.1 操作界面

InDesign CC 2019 的操作界面主要由标题栏、菜单栏、控制面板、工具箱、泊槽、面板、页面区域、滚动条、状态栏等组成，如图 1-1 所示。

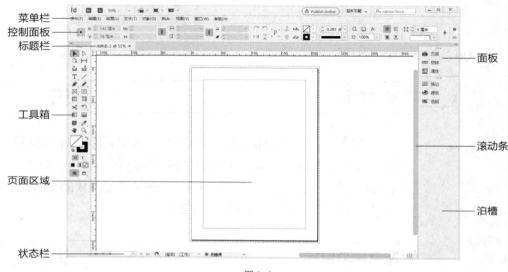

图 1-1

- 菜单栏：包括 InDesign CC 2019 中所有的操作命令。InDesign CC 2019 有 9 个主菜单，每一个主菜单又包括多个子菜单，应用这些菜单中的命令可以完成相应的操作。
- 控制面板：用于选择或调用与当前工具箱中所选工具有关的选项或命令。
- 标题栏：左侧是当前文档的名称和显示比例，右侧是控制窗口的按钮。
- 工具箱：包括 InDesign CC 2019 中所有的工具，大部分工具都有展开式工具面板，里面包含与该工具功能类似的工具，使用这些工具可以更方便、快捷地进行绘图与编辑。
- 面板：用于快速调出许多设置数值和调节功能，它是 InDesign CC 2019 中最重要的组件之一。面板是可以折叠的，可根据需要分离或组合，具有很大的灵活性。
- 页面区域：指在操作界面中间以黑色实线表示的矩形区域，这个区域的大小就是用户设置的页面大小。页面区域还包括页面外的出血线、页面内的页边线和栏辅助线。
- 滚动条：当屏幕内不能完全显示整个文档的时候，可以通过拖曳滚动条来实现对整个文档的浏览。
- 泊槽：用于组织和存放面板。
- 状态栏：用于显示当前文档的所属页面、文档所处的状态等信息。

1.1.2 菜单栏

熟练地使用菜单栏能够帮助用户快速有效地完成绘制和编辑任务，提高排版效率。下面对菜单栏进行详细介绍。

InDesign CC 2019 的菜单栏包含"文件""编辑""版面""文字""对象""表""视图""窗口""帮助"共 9 个菜单，如图 1-2 所示。每个菜单里又包含了相应的子菜单。单击每一个菜单都将弹出其下拉菜单，如单击"版面"菜单，将弹出图 1-3 所示的下拉菜单。

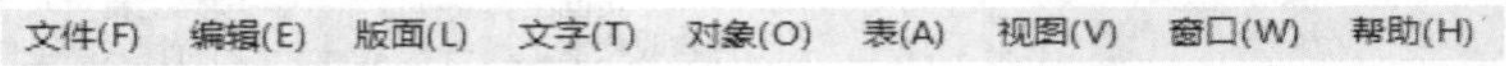

图 1-2　图 1-3

下拉菜单的左侧是命令的名称，在经常使用的命令右侧有该命令的快捷键，要执行该命令，直接按快捷键可以提高操作速度。例如，"版面 > 转到页面"命令的快捷键为 Ctrl+J 组合键。

有些命令的右侧有一个向右的灰色箭头"＞"，表示该命令还有下拉子菜单，用鼠标单击它，即可弹出其下拉菜单；有些命令的后面有省略号"…"，表示用鼠标单击该命令即可弹出其对话框，可以在对话框中进行更详尽的设置；有些命令呈灰色，表示该命令在当前状态下不可用，需要选择相应的对象或进行了合适的设置后，该命令才会变为黑色的可用状态。

1.1.3 控制面板

当用户选择不同的对象时，InDesign CC 2019 的控制面板将显示不同的选项，如图 1-4、图 1-5 和图 1-6 所示。

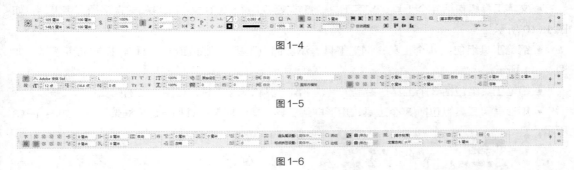

图 1-4

图 1-5

图 1-6

使用工具绘制图形对象时，可以在控制面板中设置所绘制对象的属性，可以对图形、文本和段落的属性进行设置和调整。

当控制面板的选项改变时，可以通过工具提示来了解每一个选项的更多信息。将鼠标指针移动到一个按钮或选项上停留片刻，工具提示会自动出现。

1.1.4 工具箱

InDesign CC 2019 工具箱中的工具可以用来编辑文字、形状、线条、渐变等页面元素，功能强大。

工具箱不能像面板一样进行堆叠、连接操作，但是可以通过单击工具箱上方的 ▸▸ 按钮实现单栏或双栏显示；或将鼠标指针置于工具箱的标题栏上，将其拖曳到页面中，使其变为活动面板。单击工具箱上方的 ▾ 按钮可以使工具箱在垂直、水平和双栏 3 种外观间切换，如图 1-7、图 1-8 和图 1-9 所示。工具箱中部分工具的右下角带有一个黑色三角形，表示该工具还有展开工具组。单击该工具并按住鼠标左键不放，可弹出其展开工具组。

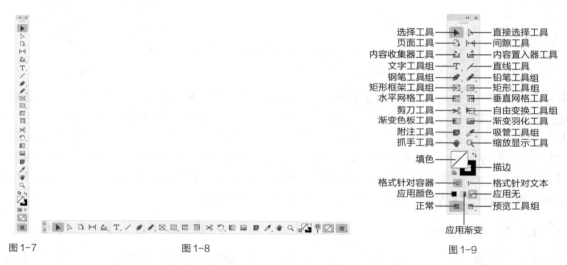

图 1-7   图 1-8   图 1-9

下面分别介绍各个展开工具组。

- 文字工具组包括 4 个工具：文字工具、直排文字工具、路径文字工具和垂直路径文字工具，如图 1-10 所示。
- 钢笔工具组包括 4 个工具：钢笔工具、添加锚点工具、删除锚点工具和转换方向点工具，如图 1-11 所示。
- 铅笔工具组包括 3 个工具：铅笔工具、平滑工具和抹除工具，如图 1-12 所示。
- 矩形框架工具组包括 3 个工具：矩形框架工具、椭圆框架工具和多边形框架工具，如图 1-13 所示。

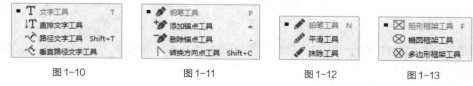

图 1-10   图 1-11   图 1-12   图 1-13

- 矩形工具组包括 3 个工具：矩形工具、椭圆工具和多边形工具，如图 1-14 所示。
- 自由变换工具组包括 4 个工具：自由变换工具、旋转工具、缩放工具和切变工具，如图 1-15 所示。
- 吸管工具组包括 3 个工具：颜色主题工具、吸管工具和度量工具，如图 1-16 所示。
- 预览工具组包括 4 个工具：预览、出血、辅助信息区和演示文稿，如图 1-17 所示。

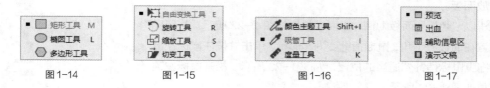

图 1-14　　　　　　图 1-15　　　　　　图 1-16　　　　　　图 1-17

1.1.5　面板

在 InDesign CC 2019 的"窗口"菜单中提供了多种面板，主要有"附注""渐变""交互""链接""描边""任务""色板""输出""属性""图层""文本绕排""文字和表""效果""信息""颜色""页面"等。

1. 显示某个面板或其所在的组

在"窗口"菜单中选择面板的名称，可以调出某个面板或其所在的组。要隐藏面板，在"窗口"菜单中再次单击面板的名称即可。如果这个面板已经在页面上显示，那么"窗口"菜单中的这个面板名称前会显示"√"。

提示

　　按 Shift+Tab 组合键，可显示或隐藏除控制面板和工具箱外的所有面板；按 Tab 键，可隐藏所有面板和工具箱。

2. 排列面板

在面板组中单击面板的名称标签，该面板就会被选中并显示为可操作的状态，如图 1-18 所示。把其中一个面板拖曳到组的外面，如图 1-19 所示，可建立一个独立的面板，如图 1-20 所示。

按住 Alt 键拖曳其中一个面板的标签，可以移动整个面板组。

图 1-18　　　　　　　　　图 1-19　　　　　　　　　图 1-20

3. 面板菜单

单击面板右上方的 ≡ 按钮，会弹出当前面板的面板菜单，可以从中选择相应选项，如图 1-21 所示。

4. 改变面板高度和宽度

单击面板中的"折叠为图标"按钮 ⏪ ，面板将被折叠为图标；
单击"展开面板"按钮 ⏩ ，可以使面板恢复默认大小。

如果需要改变面板的高度和宽度，可以将鼠标指针放置在面板右
下角，鼠标指针变为 ⬉ 形状，单击并按住鼠标左键不放，拖曳鼠标指
针可缩放面板。

这里以"色板"面板为例，原面板效果如图 1-22 所示。将鼠标
指针放置在面板右下角，鼠标指针变为 ⬉ 形状，单击并按住鼠标左键
不放，拖曳鼠标指针到适当的位置，如图 1-23 所示，松开鼠标左键
后的效果如图 1-24 所示。

图 1-21

图 1-22

图 1-23

图 1-24

5. 将面板收缩到泊槽

在泊槽中的面板标签上单击并按住鼠标左键不放，将其拖曳到页面中，如图 1-25 所示，松开鼠
标左键，可以将该面板转换为浮动面板，如图 1-26 所示。在页面中的浮动面板标签上单击并按住鼠
标左键不放，将其拖曳到泊槽中，如图 1-27 所示，松开鼠标左键，可以将浮动面板转换为折叠面板，
如图 1-28 所示。拖曳折叠到泊槽中的面板标签，将其放到其他的折叠面板中，可以组合出新的折叠
面板组。使用相同的方法可以将多个折叠面板合并为一组。

图 1-25　　　　　　　图 1-26　　　　　　　　　图 1-27　　　　　　　图 1-28

单击面板的标签（如"页面"面板标签 🏳 页面 ），可以显示或隐藏面板。单击泊槽上方的 ⏩ 按
钮，可以使面板展开或将其折叠为图标。

1.1.6　状态栏

状态栏在操作界面的最下面，包括两个部分，如图 1-29 所示。左侧显示当前文档的所属页面；

弹出式菜单可显示当前的页码；右侧是滚动条，当绘制的图像过大不能完全显示时，可以通过拖曳滚动条浏览整个图像。

图 1-29

1.2　文件的基本操作

开始设计和制作作品前必须掌握一些基本的文件操作。下面具体介绍 InDesign CC 2019 中文件的一些基本操作。

1.2.1　新建文档

新建文档是设计制作的第一步，可以根据自己的设计需要新建文档。

选择"文件 > 新建 > 文档"命令，或按 Ctrl+N 组合键，弹出"新建文档"对话框，根据需要单击上方的类别选项卡，选择需要的预设新建文档，如图 1-30 所示。在右侧的"预设详细信息"选项中可修改文档的"名称""宽度""高度""单位""方向"和"页面"等预设值。

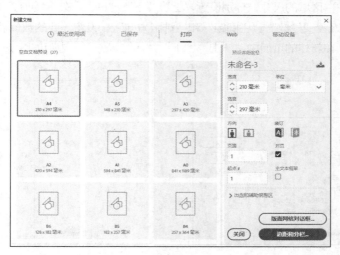

图 1-30

"新建文档"对话框中的主要选项功能如下。

- "名称"文本框：用于输入新建文档的名称，默认状态下为"未命名 - 1"。
- "宽度"和"高度"数值框：用于设置文档的宽度和高度。页面的宽和高代表页面外出血和其他标记被裁掉以后的成品尺寸。
- "单位"下拉列表框：用于设置文档所采用的单位，默认状态下为"毫米"。
- "方向"选项：单击"纵向"按钮 或"横向"按钮 ，页面方向会发生纵向或横向的变化。
- "装订"选项：有向左翻或向右翻两种装订方式可供选择。单击"从左到右"按钮 ，将按照左边装订的方式装订；单击"从右到左"按钮 ，将按照右边装订的方式装订。一般文本横排的版面选择左边装订，文本竖排的版面选择右边装订。

- "页面"文本框：用于输入文档的总页数。
- "对页"复选框：勾选此复选框可以在多页文档中建立左右页以对页形式显示的版面格式，就是通常所说的对开页；不勾选此复选框，新建文档的页面格式都以单面单页形式显示。
- "起点"文本框：用于设置文档的起始页码。
- "主文本框架"复选框：用于为多页文档创建常规的主页面。勾选此复选框后，InDesign CC 2019 会自动在所有页面上加上一个文本框架。

单击"出血和辅助信息区"左侧的箭头按钮 ，展开"出血和辅助信息区"设置区，如图 1-31 所示，在此可以设置"出血"及"辅助信息区"的尺寸。

图 1-31

 提示

"出血"是为了避免在裁切带有超出成品边缘的图片或背景的作品时，因裁切的误差而露出白边所采取的预防措施，通常是在成品页面外扩展 3 毫米。

单击"边距和分栏"按钮，弹出"新建边距和分栏"对话框。在对话框中，可以在"边距"设置区中设置页面四周空白区域的尺寸，分别设置"上""下""内""外"的值，如图 1-32 所示。在"栏"设置区中可以设置"栏数""栏间距"和"排版方向"。设置需要的数值后，单击"确定"按钮，新建一个页面。在新建的页面中，"上""下""内""外"页边距如图 1-33 所示。

图 1-32

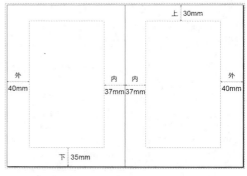

图 1-33

1.2.2 保存文件

如果是新创建或无须保留原文件的出版物，可以使用"存储"命令直接进行保存。如果不希望打开的文件进行修改或编辑后替代原文件，则需要使用"存储为"命令进行保存。

1. 保存新创建文件

选择"文件 > 存储"命令，或按 Ctrl+S 组合键，弹出"存储为"对话框，在对话框中选择文件要保存的位置，在"文件名"文本框中输入将要保存文件的文件名，在"保存类型"下拉列表框中选择文件保存的类型，如图 1-34 所示，单击"保存"按钮，将文件保存。

提示

　第 1 次保存文件时，InDesign CC 2019 会提供一个默认的文件名"未命名-1"。

2. 另存己有文件

选择"文件 > 存储为"命令，弹出"存储为"对话框，选择文件的保存位置并输入新的文件名，再选择保存类型，如图 1-35 所示。单击"保存"按钮，保存的文件不会替代原文件，而是以一个新的文件名另外进行保存，此命令可称为"换名存储"。

图 1-34　　　　　　　　　　　　　　　　　图 1-35

1.2.3　打开文件

选择"文件 > 打开"命令，或按 Ctrl+O 组合键，弹出"打开文件"对话框，如图 1-36 所示。在对话框中选择要打开文件所在的位置并单击文件名。在"文件类型"下拉列表框中选择文件的类型。在"打开方式"选项组中选择"正常"单选按钮，将正常打开文件；选择"原稿"单选按钮，将打开文件的原稿；选择"副本"单选按钮，将打开文件的副本。设置完成后，单击"打开"按钮，页面区域就会显示打开的文件。也可以直接双击文件名来打开文件，文件打开后如图 1-37 所示。

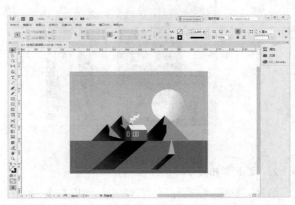

图 1-36　　　　　　　　　　　　　　　　　图 1-37

1.2.4　关闭文件

选择"文件 > 关闭"命令或按 Ctrl+W 组合键，文件将会被关闭。如果文件没有被保存，将会出现一个提示对话框，如图 1-38 所示，选择合适的命令进行关闭。

图 1-38

单击"是"按钮，将在关闭之前对文件进行保存；单击"否"按钮，在关闭时将不对文件进行保存；单击"取消"按钮，文件不会关闭，也不会进行保存操作。

1.3　视图与窗口的基本操作

在使用 InDesign CC 2019 进行图形绘制的过程中，用户可以随时改变视图与页面窗口的显示方式，以便用户更加细致地观察所绘图形的整体或局部效果。

1.3.1　视图的显示

在"视图"菜单中可以选择预定视图以显示页面或粘贴板。选择某个预定视图后，页面将保持此视图效果，直到再次改变预定视图为止。

1．显示整页

选择"视图 > 使页面适合窗口"命令，可以使页面适合窗口显示，如图 1-39 所示。选择"视图 > 使跨页适合窗口"命令，可以使对开页适合窗口显示，如图 1-40 所示。

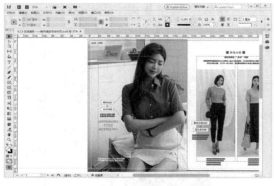

图 1-39　　　　　　　　　　　　　　　　　图 1-40

2．显示实际大小

选择"视图 > 实际尺寸"命令，可以在窗口中显示页面的实际大小，也就是使页面 100% 地显示，如图 1-41 所示。

3. 显示完整粘贴板

选择"视图 > 完整粘贴板"命令，可以查找或浏览粘贴板上的全部对象，此时页面区域中显示的是缩小的页面和整个粘贴板，如图 1-42 所示。

图 1-41　　　　　　　　　　　　　　　　　　图 1-42

4. 放大或缩小页面视图

选择"视图 > 放大（或缩小）"命令，可以将当前页面视图放大或缩小，也可以使用缩放显示工具 🔍 来放大或缩小页面视图。

当页面中的缩放显示工具图标变为 🔍 形状时，单击可以放大页面视图；按住 Alt 键，页面中的缩放显示工具图标变为 🔍 形状，单击可以缩小页面视图。

选择缩放显示工具 🔍 ，在页面中按住鼠标左键沿着想放大的区域拖曳出一个虚线框，如图 1-43 所示，虚线框范围内的内容会被放大显示，效果如图 1-44 所示。

图 1-43　　　　　　　　　　　　　　　　　　图 1-44

按 Ctrl+ + 组合键，可以对页面视图按比例进行放大；按 Ctrl+ − 组合键，可以对页面视图按比例进行缩小。

在页面中单击鼠标右键，弹出图 1-45 所示的快捷菜单，在快捷菜单中可以选择相应的命令对页面视图进行编辑。

选择抓手工具 ✋ ，在页面中按住鼠标左键拖曳可以对窗口中的页面进行移动。

图 1-45

1.3.2 窗口的排列

排版文件的窗口显示主要有层叠和平铺两种。

选择"窗口 > 排列 > 层叠"命令，可以将打开的几个排版文件层叠在一起，只显示位于窗口最上面的文件，如图 1-46 所示。如果想选择需要操作的文件，单击文件名就可以了。

选择"窗口 > 排列 > 平铺"命令，可以将打开的几个排版文件分别水平平铺显示在窗口中，效果如图 1-47 所示。

图 1-46　　　　　　　　　　　　　　　　　　　　　　　图 1-47

选择"窗口 > 排列 > 新建窗口"命令，可以将打开的文件复制一份。

1.3.3 预览文档

可以通过工具箱中的预览工具组来预览文档，如图 1-48 所示。

单击工具箱底部的"正常显示模式"按钮 ，文档将以正常模式显示；单击工具箱底部的"预览显示模式"按钮 ，文档将以预览模式显示，可以显示文档的实际效果；单击工具箱底部的"出血模式"按钮 ，文档将以出血模式显示，可以显示文档及其出血部分的效果；单击工具箱底部的"辅助信息区"按钮 ，可以显示文档制作为成品后的效果；单击工具箱底部的"演示文稿"按钮 ，文档将以演示文稿的形式显示。在演示文稿模式下，应用程序菜单、面板、参考线及框架边缘都

图 1-48

是隐藏的。

选择"视图 > 屏幕模式 > 预览"命令，如图 1-49 所示，也可显示预览效果，如图 1-50 所示。

图 1-49 图 1-50

1.3.4 显示设置

图像的显示方式主要有快速显示、典型显示和高品质显示 3 种，如图 1-51 所示。

快速显示

典型显示

高品质显示

图 1-51

- 快速显示：将栅格图或矢量图显示为灰色块。

- 典型显示：显示低分辨率的代理图像，用于点阵图或矢量图的识别和定位。典型显示是默认选项，是显示可识别图像的最快方式。

- 高品质显示：将栅格图或矢量图以高分辨率显示。这一选项提供最高的质量，但速度最慢，当需要做局部微调时，使用这一选项。

图像显示方式不会影响 InDesign 文档在输出或打印时的图像质量。在打印到 PostScript 设备或者导出为 EPS 或 PDF 文件时，最终的图像分辨率取决于在打印或导出时的输出选项。

1.3.5 显示或隐藏框架边缘

InDesign CC 2019 在默认状态下，即使没有选择图形，也显示框架边缘，这样在绘制过程中会使页面显得拥挤，且不易编辑。这时，我们可以通过使用"隐藏框架边缘"命令隐藏框架边缘来简化屏幕显示。

在页面中绘制一个图形，如图 1-52 所示。选择"视图 > 其他 > 隐藏框架边缘"命令，隐藏页面中图形的框架边缘，效果如图 1-53 所示。

图 1-52   图 1-53

02

第 2 章
绘制和编辑图形对象

本章介绍

本章介绍在 InDesign CC 2019 中绘制和编辑图形对象的方法。通过本章的学习，读者可以掌握绘制、编辑、对齐、分布及组合图形对象的方法和技巧，绘制各种图形。

课堂学习目标

- 掌握绘制图形的方法
- 掌握编辑对象的技巧
- 掌握组织图形对象的方法

2.1　绘制图形

使用 InDesign CC 2019 的基本绘图工具可以绘制简单的图形。

2.1.1　课堂案例——制作手机界面

案例学习目标

学习使用绘制图形工具制作手机界面。

案例知识要点

使用矩形工具、椭圆工具绘制界面底图，使用矩形工具、椭圆工具、多边形工具和钢笔工具绘制收音机图标，使用直线工具、描边面板制作箭头图形，使用文字工具添加界面信息。手机界面效果如图 2-1 所示。

图 2-1

效果所在位置

云盘 > Ch02 > 效果 > 制作手机界面.indd。

（1）选择"文件 > 新建 > 文档"命令，弹出"新建文档"对话框，相关设置如图 2-2 所示。单击"边距和分栏"按钮，弹出"新建边距和分栏"对话框，相关设置如图 2-3 所示，单击"确定"按钮，新建一个页面。选择"视图 > 其他 > 隐藏框架边缘"命令，将所绘制图形的框架边缘隐藏。

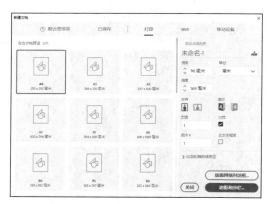

图 2-2

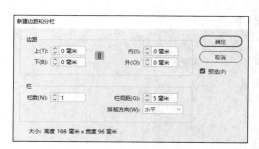

图 2-3

（2）选择矩形工具 ▣，绘制一个与页面大小相等的矩形，设置图形填充色的 CMYK 值为 8、68、55、0，填充图形，并设置描边色为无，效果如图 2-4 所示。按 Ctrl+C 组合键，复制矩形，选择"编辑 > 原位粘贴"命令，原位粘贴矩形。

（3）选择选择工具 ▶，向上拖曳所复制矩形下边中间的控制手柄到适当的位置，调整其大小，效果如图 2-5 所示。设置图形填充色的 CMYK 值为 23、83、72、0，填充图形，效果如图 2-6 所示。

图2-4　　　　　　　　　图2-5　　　　　　　　　图2-6

（4）选择椭圆工具 ⬭，按住 Shift 键在适当的位置拖曳鼠标指针绘制一个圆形，设置图形填充色的 CMYK 值为 0、16、40、0，填充图形，并设置描边色为无，效果如图 2-7 所示。

（5）选择选择工具 ▶，按住 Alt+Shift 组合键垂直向上拖曳图形到适当的位置，复制图形。设置图形填充色的 CMYK 值为 0、0、15、0，填充图形，效果如图 2-8 所示。

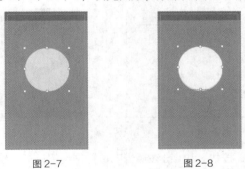

图2-7　　　　　　　　　图2-8

（6）选择矩形工具 ▣，在页面外拖曳鼠标指针绘制一个矩形，设置图形填充色的 CMYK 值为 23、83、72、0，填充图形，并设置描边色为无，效果如图 2-9 所示。按 Ctrl+C 组合键，复制矩形，选择"编辑 > 原位粘贴"命令，原位粘贴矩形。

（7）选择选择工具 ▶，向下拖曳所复制矩形上边中间的控制手柄到适当的位置，调整其大小。设置图形填充色的 CMYK 值为 23、83、72、20，填充图形，效果如图 2-10 所示。

图2-9　　　　　　　　　图2-10

（8）选择椭圆工具 ，按住 Shift 键在适当的位置拖曳鼠标指针绘制一个圆形，填充图形为黑色，并设置描边色为无，效果如图 2-11 所示。按 Ctrl+C 组合键，复制圆形，选择"编辑 > 原位粘贴"命令，原位粘贴圆形。

（9）选择选择工具 ，按住 Alt+Shift 组合键向内拖曳圆形右上角的控制手柄，等比例缩小圆形。设置图形填充色的 CMYK 值为 8、20、70、0，填充图形，效果如图 2-12 所示。用相同的方法再复制一个圆形，等比例缩小圆形，并填充图形为白色，效果如图 2-13 所示。

图 2-11   图 2-12   图 2-13

（10）选择多边形工具 ，在页面中单击，弹出"多边形"对话框，选项的设置如图 2-14 所示，单击"确定"按钮，得到一个多角星形。选择选择工具 ，拖曳星形到适当的位置，填充图形为黑色，并设置描边色为无，效果如图 2-15 所示。

图 2-14   图 2-15

（11）选择椭圆工具 ，按住 Shift 键在适当的位置拖曳鼠标指针绘制一个圆形，填充图形为白色，并设置描边色为无，效果如图 2-16 所示。按 Ctrl+C 组合键，复制圆形，选择"编辑 > 原位粘贴"命令，原位粘贴圆形。

（12）选择选择工具 ，按住 Alt+Shift 组合键向内拖曳圆形右上角的控制手柄，等比例缩小圆形，填充图形为黑色，效果如图 2-17 所示。

图 2-16   图 2-17

（13）选择钢笔工具 ，在适当的位置绘制一条曲线，如图 2-18 所示。选择"窗口 > 描边"

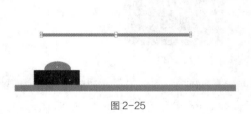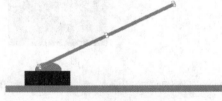

命令，弹出"描边"面板，单击"圆头端点"按钮 ⊏，其他选项的设置如图 2-19 所示，按 Enter 键，效果如图 2-20 所示。

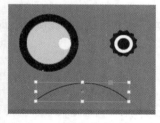

图 2-18　　　　　　　　　　　图 2-19　　　　　　　　　　　图 2-20

（14）选择矩形工具 ▭，在适当的位置拖曳鼠标指针绘制一个矩形，填充图形为黑色，并设置描边色为无，效果如图 2-21 所示。按 Ctrl+Shift+[组合键，将图形置于最底层，效果如图 2-22 所示。

图 2-21　　　　　　　　　　　　　　图 2-22

（15）选择椭圆工具 ⬭，在适当的位置拖曳鼠标指针绘制一个椭圆形，设置图形填充色的 CMYK 值为 23、83、72、0，填充图形，并设置描边色为无，效果如图 2-23 所示。按 Ctrl+Shift+[组合键，将图形置于最底层，效果如图 2-24 所示。

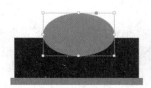
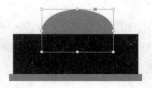

图 2-23　　　　　　　　　　　　　　图 2-24

（16）选择矩形工具 ▭，在适当的位置拖曳鼠标指针绘制一个矩形，设置图形填充色的 CMYK 值为 23、83、72、0，填充图形，并设置描边色为无，效果如图 2-25 所示。在控制面板中将"旋转角度" ⊿ ⌄ 0° 选项设置为 25.5°，按 Enter 键，效果如图 2-26 所示。

图 2-25　　　　　　　　　　　　　　图 2-26

（17）选择椭圆工具 ⬭，按住 Shift 键在适当的位置拖曳鼠标指针绘制一个圆形，填充图形为黑色，并设置描边色为无，效果如图 2-27 所示。按 Ctrl+C 组合键，复制圆形，选择"编辑 > 原位粘贴"命令，原位粘贴圆形。

（18）选择选择工具 ▶，按住 Alt+Shift 组合键向内拖曳圆形右上角的控制手柄，等比例缩小圆形，填充图形为白色，效果如图 2-28 所示。

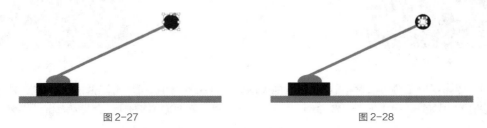

图 2-27　　　　　　　　　　　　　　　图 2-28

（19）选择矩形工具 ▢，在适当的位置分别拖曳鼠标指针绘制两个矩形，如图 2-29 所示。选择选择工具 ▶，将两个矩形同时选择，填充图形为黑色，并设置描边色为无，效果如图 2-30 所示。按 Ctrl+Shift+[组合键，将图形置于最底层，效果如图 2-31 所示。

图 2-29　　　　　　　　图 2-30　　　　　　　　图 2-31

（20）选择矩形工具 ▢，在适当的位置分别拖曳鼠标指针绘制两个矩形，如图 2-32 所示。选择选择工具 ▶，将两个矩形同时选择，设置图形填充色的 CMYK 值为 23、83、72、0，填充图形，并设置描边色为无，效果如图 2-33 所示。

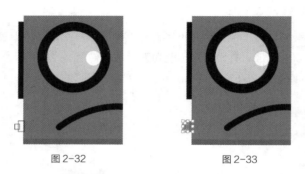

图 2-32　　　　　　　　图 2-33

（21）选择钢笔工具 ✎，在适当的位置绘制一条曲线，如图 2-34 所示。在"描边"面板中单击"圆头端点"按钮 ◖，其他选项的设置如图 2-35 所示，按 Enter 键，效果如图 2-36 所示。

图 2-34　　　　　　图 2-35　　　　　　图 2-36

（22）按 Ctrl+Shift+[组合键，将曲线置于最底层，效果如图 2-37 所示。选择选择工具 ▶，用框选的方法将所绘制的图形全部选择，按 Ctrl+G 组合键将其编组，拖曳编组图形到页面中适当的位置，效果如图 2-38 所示。

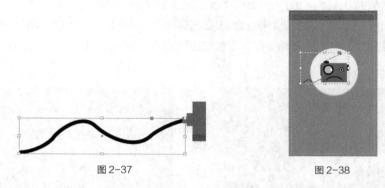

图 2-37　　　　　　　　　　图 2-38

（23）选择直线工具 ／，按住 Shift 键在适当的位置拖曳鼠标指针绘制一条直线，如图 2-39 所示。设置描边色的 CMYK 值为 0、0、15、0，填充描边。在"描边"面板"起点箭头"选项的下拉列表框中选择"简单开角"选项，分别单击"圆头端点"按钮 ▣ 和"圆角连接"按钮 ▣，其他选项的设置如图 2-40 所示，按 Enter 键，效果如图 2-41 所示。

图 2-39　　　　　　图 2-40　　　　　　图 2-41

（24）选择文字工具 Ｔ，在适当的位置分别拖曳鼠标指针生成文本框架，并输入需要的文本。分别将输入的文本选择，在控制面板中分别选择合适的字体并设置文字大小，效果如图 2-42 所示。

（25）选择选择工具 ▶，按住 Shift 键选择需要的文本，单击工具箱中的"格式针对文本"按钮 Ｔ，设置文本填充色的 CMYK 值为 0、0、15、0，填充文本，效果如图 2-43 所示。

图 2-42

图 2-43

（26）选择选择工具 ，选择需要的文本，单击工具箱中的"格式针对文本"按钮 T，设置文本填充色的 CMYK 值为 0、57、46、0，填充文本，效果如图 2-44 所示。

（27）选择矩形工具 ，在适当的位置拖曳鼠标指针绘制一个矩形，在控制面板中将"描边粗细" 0.283 点 选项设置为 1 点，按 Enter 键。设置描边色的 CMYK 值为 0、57、46、0，填充描边，效果如图 2-45 所示。

图 2-44

图 2-45

（28）保持图形选择状态，选择"对象 > 角选项"命令，在弹出的"角选项"对话框中进行设置，如图 2-46 所示，单击"确定"按钮，效果如图 2-47 所示。在页面空白处单击，取消图形选择状态，手机界面制作完成，效果如图 2-48 所示。

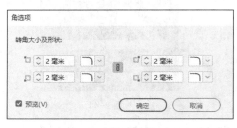
图 2-46

图 2-47

图 2-48

2.1.2 矩形

1. 使用鼠标直接拖曳绘制矩形

选择矩形工具 ，鼠标指针会变成-¦-，按住鼠标左键，拖曳到合适的位置，如图 2-49 所示，松开鼠标左键，绘制出一个矩形，如图 2-50 所示，鼠标指针的起点与终点决定了矩形的大小。按住 Shift 键进行绘制，可以绘制出一个正方形，如图 2-51 所示。

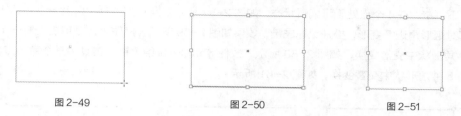

图 2-49   图 2-50   图 2-51

按住 Shift+Alt 组合键在绘图页面中拖曳鼠标指针，以当前点为中心绘制正方形。

2. 使用对话框精确绘制矩形

选择矩形工具 ▢，在页面中单击，弹出"矩形"对话框，在对话框中可以设置所要绘制矩形的"宽度"和"高度"。

设置需要的数值，如图 2-52 所示，单击"确定"按钮，在页面中单击，出现需要的矩形，如图 2-53 所示。

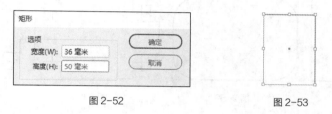

图 2-52   图 2-53

3. 使用角选项制作矩形角的变形

选择选择工具 ▶，选择绘制好的矩形，选择"对象 > 角选项"命令，弹出"角选项"对话框。在"转角大小"文本框中输入值以指定角效果到每个角点的扩展半径，在"形状"下拉列表框中分别选择需要的角形状，单击"确定"按钮，效果如图 2-54 所示。

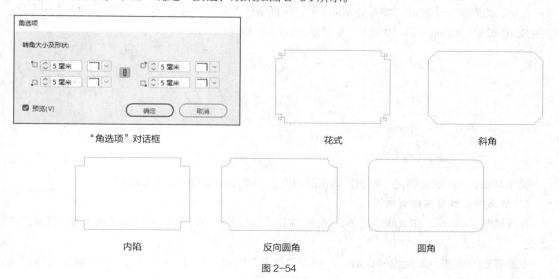

"角选项"对话框   花式   斜角

内陷   反向圆角   圆角

图 2-54

4. 使用鼠标直接拖曳制作矩形角的变形

选择选择工具 ▶，选择绘制好的矩形，如图 2-55 所示。在矩形的黄色点上单击，如图 2-56 所示，上、下、左、右 4 个点处于可编辑状态，如图 2-57 所示。向内拖曳其中任意一个点，如图 2-58 所示，可对矩形角进行变形，松开鼠标左键，效果如图 2-59 所示。按住 Alt 键单击任意一个黄色点，可在 5 种角形状中交替变换，如图 2-60 所示。按住 Shift+Alt 组合键单击其中某个黄色点，可使选择的点在 5 种角形状中交替变换，如图 2-61 所示。

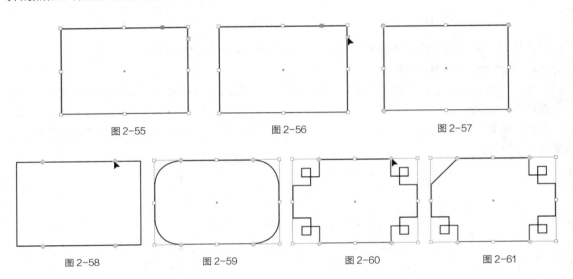

图 2-55　　　　　　　　　图 2-56　　　　　　　　　图 2-57

图 2-58　　　　　图 2-59　　　　　图 2-60　　　　　图 2-61

2.1.3　椭圆和圆形

1. 使用鼠标直接拖曳绘制椭圆

选择椭圆工具 ◯，鼠标指针会变成 -¦-，按住鼠标左键拖曳到合适的位置，如图 2-62 所示，松开鼠标左键，绘制出一个椭圆，如图 2-63 所示，鼠标指针的起点与终点处决定了椭圆的大小和形状。按住 Shift 键进行绘制，可以绘制出一个圆形，如图 2-64 所示。

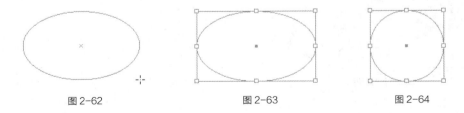

图 2-62　　　　　　　　　图 2-63　　　　　　　　　图 2-64

按住 Shift+Alt 组合键进行绘制，将在绘图页面中以当前点为中心绘制圆形。

2. 使用对话框精确绘制椭圆

选择椭圆工具 ◯，在页面中单击，弹出"椭圆"对话框，在对话框中可以设置所要绘制椭圆的"宽度"和"高度"。

设置需要的数值，如图 2-65 所示，单击"确定"按钮，在页面中单击，出现需要的椭圆，如图 2-66 所示。

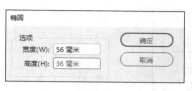

图 2-65

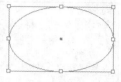

图 2-66

椭圆和圆形可以应用角形状，但是不会有任何变化，因为其没有拐点。

2.1.4　多边形

1．使用鼠标直接拖曳绘制多边形或星形

（1）选择多边形工具 ⬡，鼠标指针会变成-¦-。按住鼠标左键拖曳到适当的位置，如图 2-67 所示，松开鼠标左键，绘制出一个多边形，如图 2-68 所示。鼠标指针的起点与终点决定了多边形的大小和形状。软件默认的多边形边数为 6。按住 Shift 键进行绘制，可以绘制出一个正多边形，如图 2-69 所示。

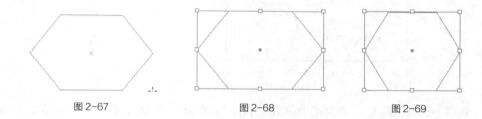

图 2-67　　　　　　　　　　图 2-68　　　　　　　　　图 2-69

按住 Alt+Shift 组合键进行绘制，将在绘图页面中以当前点为中心绘制正多边形。

（2）双击多边形工具 ⬡，弹出"多边形设置"对话框。在"边数"选项中，可以通过改变文本框中的数值或单击微调按钮来设置多边形的边数；在"星形内陷"选项中，可以通过改变文本框中的数值或单击微调按钮来设置多边形尖角的锐化程度。

设置需要的数值，如图 2-70 所示，单击"确定"按钮，在页面中拖曳鼠标指针，绘制出需要的五角星形，如图 2-71 所示。

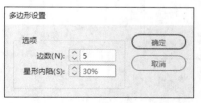

图 2-70

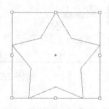

图 2-71

2．使用对话框精确绘制多边形或星形

（1）双击多边形工具 ⬡，弹出"多边形设置"对话框，在"边数"选项中可以通过改变文本框中的数值或单击微调按钮来设置多边形的边数。设置需要的数值，如图 2-72 所示，单击"确定"按钮，在页面中拖曳鼠标指针，绘制出需要的多边形，如图 2-73 所示。

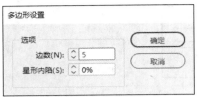

图 2-72　　　　　　　　　　　　　　　　图 2-73

选择多边形工具 ，在页面中单击，弹出"多边形"对话框，在对话框中可以设置所要绘制的多边形的"多边形宽度""多边形高度""边数"。设置需要的数值，如图 2-74 所示，单击"确定"按钮，在页面中单击，出现需要的多边形，如图 2-75 所示。

图 2-74　　　　　　　　　　　　　　　　图 2-75

（2）选择多边形工具 ，在页面中单击，弹出"多边形"对话框，在对话框中可以设置所要绘制星形的"多边形宽度""多边形高度""边数"和"星形内陷"。

设置需要的数值，如图 2-76 所示，单击"确定"按钮，在页面中单击，出现需要的星形，如图 2-77 所示。

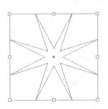

图 2-76　　　　　　　　　　　　　　　　图 2-77

3. 使用角选项制作多边形或星形角的变形

（1）选择选择工具 ，选择绘制好的多边形，选择"对象 > 角选项"命令，弹出"角选项"对话框。在"形状"选项中分别选择需要的角形状，单击"确定"按钮，效果如图 2-78 所示。

（2）选择选择工具 ，选择绘制好的星形，选择"对象 > 角选项"命令，弹出"角选项"对话框。在"效果"选项中分别选择需要的角形状，单击"确定"按钮，效果如图 2-79 所示。

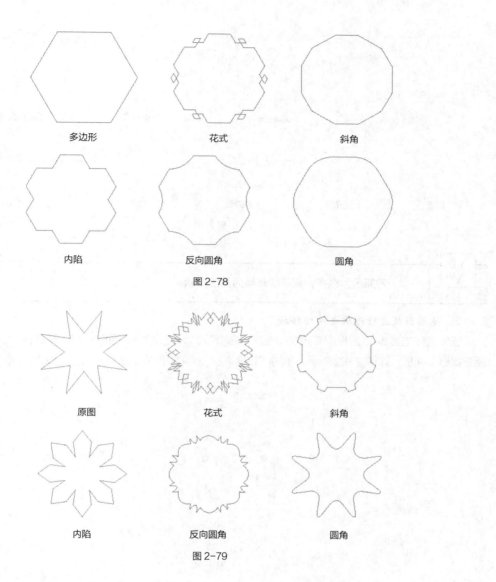

多边形　　　　　　花式　　　　　　斜角

内陷　　　　　反向圆角　　　　　圆角

图 2-78

原图　　　　　　花式　　　　　　斜角

内陷　　　　　反向圆角　　　　　圆角

图 2-79

2.1.5　形状之间的转换

1. 使用菜单栏进行形状之间的转换

选择选择工具 ▶，选择需要转换的图形，选择"对象 > 转换形状"命令，弹出的子菜单中包括"矩形""圆角矩形""斜角矩形""反向圆角矩形""椭圆""三角形""多边形""线条"和"正交直线"命令，如图 2-80 所示。

选择选择工具 ▶，选择需要转换的图形，选择"对象 > 转换形状"命令，分别选择其子菜单中的命令，效果如图 2-81 所示。

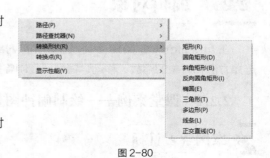

图 2-80

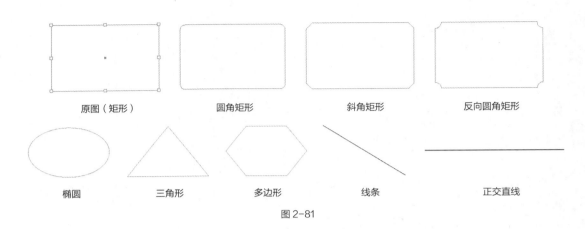

图 2-81

提示

若原图为线条，则不能转换为其他形状。

2. 使用面板进行形状之间的转换

选择选择工具 ，选择需要转换的图形，选择"窗口 > 对象和版面 > 路径查找器"命令，弹出"路径查找器"面板，如图 2-82 所示。单击"转换形状"选项组中的按钮，可在形状之间互相转换。

图 2-82

2.2 编辑对象

在 InDesign CC 2019 中可以使用图形对象编辑功能对图形对象进行编辑，其中包括对象的多种选择方法和对象的缩放、移动、镜像、复制等操作。

2.2.1 课堂案例——绘制闹钟图标

案例学习目标

学习使用绘制图形工具和编辑对象命令绘制闹钟图标。

案例知识要点

使用"水平翻转"按钮镜像图形,使用"旋转"命令、"缩放"命令对图形进行旋转和缩放。闹钟图标效果如图 2-83 所示。

图 2-83

效果所在位置

云盘 > Ch02 > 效果 > 绘制闹钟图标.indd。

（1）按 Ctrl+O 组合键,打开云盘中的"Ch02 > 素材 > 绘制闹钟图标 > 01"文件,如图 2-84 所示。

（2）选择选择工具 ▶,选择需要的图形,按住 Alt+Shift 组合键水平向右拖曳图形到适当的位置,复制图形,效果如图 2-85 所示。单击控制面板中的"水平翻转"按钮 ▷◁,水平翻转图形,效果如图 2-86 所示。

图 2-84   图 2-85   图 2-86

（3）选择选择工具 ▶,按住 Shift 键依次单击选择需要的图形,如图 2-87 所示。选择"对象 > 变换 > 旋转"命令,弹出"旋转"对话框,相关选项的设置如图 2-88 所示,单击"复制"按钮,复制并旋转图形,效果如图 2-89 所示。

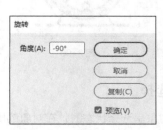
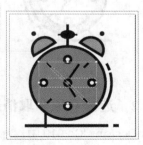

图 2-87   图 2-88   图 2-89

（4）选择选择工具 ，选择需要的圆形，如图 2-90 所示。选择"对象 > 变换 > 缩放"命令，弹出"缩放"对话框，相关选项的设置如图 2-91 所示，单击"复制"按钮，复制并缩小圆形，效果如图 2-92 所示。

图 2-90　　　　　　　　　　图 2-91　　　　　　　　　　图 2-92

（5）将复制的圆形填充为白色，在控制面板中将"描边粗细" 0.283 点 选项设置为 8 点，按 Enter 键，效果如图 2-93 所示。选择需要的矩形，在控制面板中将"旋转角度" 0° 选项设置为 −32°，按 Enter 键，效果如图 2-94 所示。

图 2-93　　　　　　　　　　图 2-94

（6）选择选择工具 ，按住 Alt+Shift 组合键水平向右拖曳矩形到适当的位置，从而复制矩形，效果如图 2-95 所示。单击控制面板中的"水平翻转"按钮 ，水平翻转图形，效果如图 2-96 所示。在页面空白处单击，取消图形选择状态，闹钟图标绘制完成，效果如图 2-97 所示。

图 2-95　　　　　　　　图 2-96　　　　　　　　图 2-97

2.2.2　选择对象和取消选择

在 InDesign CC 2019 中，当对象呈选择状态时，在对象的周围会出现限位框（又称为外框）。限位框是代表对象水平和垂直尺寸的矩形框。对象的选择状态如图 2-98 所示。

当同时选择多个图形对象时，对象保留各自的限位框，选择状态如图 2-99 所示。

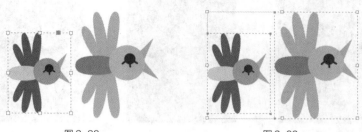

图 2-98   图 2-99

要取消对象的选择状态，只要在页面中的空白位置单击即可。

1. 使用选择工具选择对象

选择选择工具 ▶，在要选择的对象上单击，即可选择该对象。如果该对象是未填充的图形，则单击它的边缘即可将其选择。

要选择多个图形对象，可按住 Shift 键依次单击多个对象，如图 2-100 所示。

选择选择工具 ▶，在页面中要选择的图形对象外围拖曳鼠标指针，出现虚线框，如图 2-101 所示，虚线框范围内的对象都将被选择，如图 2-102 所示。

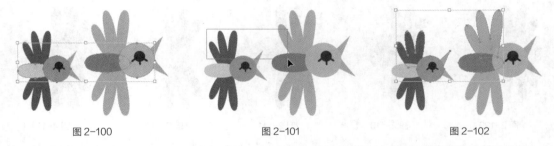

图 2-100   图 2-101   图 2-102

选择选择工具 ▶，将鼠标指针置于图片上，如图 2-103 所示，当鼠标指针显示为 ▶ 时，单击图片可选择该图片，如图 2-104 所示。在空白处单击，可取消图片的选择状态，如图 2-105 所示。

图 2-103   图 2-104   图 2-105

将鼠标指针移动到接近图片中心时，鼠标指针显示为 ✋，如图 2-106 所示，单击可选择限位框内的图片，如图 2-107 所示。按 Esc 键，可切换到选择对象状态，如图 2-108 所示。

图 2-106   图 2-107   图 2-108

2. 使用直接选择工具选择对象

选择直接选择工具 ▷，拖曳鼠标指针圈选图形对象，如图 2-109 所示，对象被选择，但被选择的对象不显示限位框，只显示锚点，如图 2-110 所示。

选择直接选择工具 ▷，在图形对象的某个锚点上单击，该锚点被选择，如图 2-111 所示。按住鼠标左键并拖曳选择的锚点到适当的位置，如图 2-112 所示，松开鼠标左键，即可改变对象的形状，如图 2-113 所示。按住 Shift 键依次单击需要的锚点，可选择多个锚点。

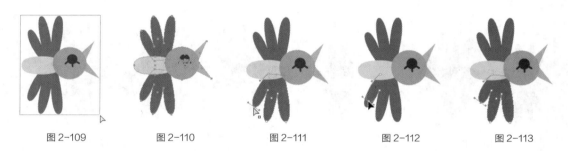

图 2-109   图 2-110   图 2-111   图 2-112   图 2-113

选择直接选择工具 ▷，将鼠标指针放置在图形上，图形呈选择状态，如图 2-114 所示。在中心点再次单击，选择整个图形，如图 2-115 所示。按住鼠标左键将其拖曳到适当的位置，如图 2-116 所示，松开鼠标左键，即可移动对象。

图 2-114   图 2-115   图 2-116

选择直接选择工具 ▷，单击图片的限位框，如图 2-117 所示，再单击中心点，如图 2-118 所示，按住鼠标左键将限位框拖曳到适当的位置，如图 2-119 所示。松开鼠标左键，则只移动了限位框，框内的图片没有移动，效果如图 2-120 所示。

图 2-117

图 2-118

图 2-119

图 2-120

将鼠标指针置于图片之上时，直接选择工具 ▷ 会自动变为抓手工具 ✋，如图 2-121 所示。在图形上单击，可选择限位框内的图片，如图 2-122 所示。按住鼠标左键拖曳图片到适当的位置，如图 2-123 所示。松开鼠标左键，则只移动了图片，限位框没有移动，效果如图 2-124 所示。

图 2-121

图 2-122

图 2-123

图 2-124

3. 使用控制面板选择对象

单击控制面板中的"选择上一对象"按钮 或"选择下一对象"按钮，可选择当前对象的上一个对象或下一个对象。单击"选择内容"按钮，可选择限位框中的图片。单击"选择容器"按钮，可以选择限位框。

2.2.3 缩放对象

1. 使用工具箱中的工具缩放对象

选择选择工具 ▶，选择要缩放的对象，对象的周围出现限位框，如图 2-125 所示。选择自由变换工具，拖曳对象右上角的控制手柄，如图 2-126 所示。松开鼠标左键，对象的缩放效果如图 2-127 所示。

图 2-125

图 2-126

图 2-127

选择要缩放的对象，选择缩放工具 ，对象的中心会出现缩放对象的中心控制点。按住鼠标左键并拖曳中心控制点到适当的位置，如图 2-128 所示，再拖曳对角线上的控制手柄到适当的位置，如图 2-129 所示，松开鼠标左键，对象的缩放效果如图 2-130 所示。

图 2-128　　　　　　　　　　图 2-129　　　　　　　　　　图 2-130

2.　使用"变换"面板缩放对象

选择选择工具 ，选择要缩放的对象，如图 2-131 所示。选择"窗口 > 对象和版面 > 变换"命令，在弹出的"变换"面板中设置需要的数值，如图 2-132 所示，按 Enter 键，效果如图 2-133 所示。

图 2-131　　　　　　　　　　图 2-132　　　　　　　　　　图 2-133

在面板中设置"X 缩放百分比"和"Y 缩放百分比"文本框 中的数值，可以按比例缩放对象。设置"W"和"H"的数值可以缩放对象的限位框，但不能缩放限位框中的图片。

3.　使用控制面板缩放对象

选择选择工具 ，选择要缩放的对象。在控制面板中，若单击"约束宽度和高度的比例"按钮 ，可以按比例缩放对象的限位框。其他选项的设置与"变换"面板中的相同，这里不再赘述。

4.　使用菜单命令缩放对象

选择选择工具 ，选择要缩放的对象，如图 2-134 所示。选择"对象 > 变换 > 缩放"命令，或双击缩放工具 ，弹出"缩放"对话框，设置需要的数值，如图 2-135 所示，单击"确定"按钮，效果如图 2-136 所示。

图 2-134　　　　　　　　　　图 2-135　　　　　　　　　　图 2-136

在对话框中，设置"X 缩放（X）"和"Y 缩放（Y）"文本框中的百分比数值可以按比例缩放对象。若单击"约束缩放比例"按钮 🔒，就可以不按比例缩放对象。单击"复制"按钮，可复制多个缩放对象。

5. 使用鼠标右键快捷菜单命令缩放对象

在选择的图形对象上单击鼠标右键，弹出快捷菜单，选择"变换 > 缩放"命令，也可以对对象进行缩放（以下操作均可使用此方法）。

 提示

拖曳对角线上的控制手柄时按住 Shift 键，对象会按比例缩放；按住 Shift+Alt 组合键，对象会按比例从对象中心缩放。

2.2.4 移动对象

1. 使用键盘和工具箱中的工具移动对象

选择选择工具 ▶，选择要移动的对象，如图 2-137 所示。在对象上单击并按住鼠标左键将其拖曳到适当的位置，如图 2-138 所示。松开鼠标左键，对象移动到需要的位置，效果如图 2-139 所示。

图 2-137　　　　　　　　　　图 2-138　　　　　　　　　　图 2-139

选择要移动的对象，如图 2-140 所示。双击选择工具 ▶，弹出"移动"对话框，设置需要的数值，如图 2-141 所示，单击"确定"按钮，效果如图 2-142 所示。

图 2-140　　　　　　　　　　图 2-141　　　　　　　　　　图 2-142

在对话框中，"水平"和"垂直"文本框分别可以设置对象在水平方向和垂直方向上移动的数值；"距离"文本框可以设置对象移动的距离；"角度"文本框可以设置对象移动或旋转的角度。若单击

"复制"按钮，可复制出多个移动对象。

选择要移动的对象，用方向键可以微调对象的位置。

2. 使用"变换"面板移动对象

选择选择工具 ▶，选择要移动的对象，如图 2-143 所示。选择"窗口 > 对象和版面 > 变换"命令，弹出"变换"面板，在"X""Y"文本框中输入需要的数值，如图 2-144 所示，按 Enter 键即可移动对象，效果如图 2-145 所示。

图 2-143　　　　　　　　图 2-144　　　　　　　　图 2-145

在"变换"面板中，"X"和"Y"表示对象所在位置的横坐标值和纵坐标值。

3. 使用控制面板移动对象

选择选择工具 ▶，选择要移动的对象，控制面板如图 2-146 所示。在控制面板中，设置"X"和"Y"文本框中的数值可以精确移动对象。

图 2-146

4. 使用菜单命令移动对象

选择选择工具 ▶，选择要移动的对象。选择"对象 > 变换 > 移动"命令，或按 Shift+Ctrl+M 组合键，弹出"移动"对话框，此对话框与双击选择工具 ▶ 弹出的对话框相同，这里不再赘述。设置需要的数值，单击"确定"按钮，可移动对象。

2.2.5　镜像对象

1. 使用控制面板镜像对象

选择选择工具 ▶，选择要镜像的对象，如图 2-147 所示。单击控制面板中的"水平翻转"按钮 ◁|，可使对象沿水平方向镜像翻转，效果如图 2-148 所示。单击"垂直翻转"按钮 ⊠，可使对象沿垂直方向镜像翻转。

选择要镜像的对象，选择缩放工具 ⊡，在图片上适当的位置单击，将镜像中心控制点置于适当的位置，如图 2-149 所示。单击控制面板中的"水平翻转"按钮 ◁|，可使对象以中心控制点为中心水平镜像翻转，效果如图 2-150 所示。单击"垂直翻转"按钮 ⊠，可使对象以中心控制点为中心垂直镜像翻转。

图 2-147　　　　　　　　图 2-148　　　　　　　　图 2-149　　　　　　　　图 2-150

2. 使用菜单命令镜像对象

选择选择工具 ▶，选择要镜像的对象。选择"对象 > 变换 > 水平翻转"命令，可使对象水平翻转；选择"对象 > 变换 > 垂直翻转"命令，可使对象垂直镜像翻转。

3. 使用选择工具镜像对象

选择选择工具 ▶，选择要镜像的对象，如图 2-151 所示。按住鼠标左键拖曳控制手柄到相对的边，如图 2-152 所示，松开鼠标左键，对象的镜像效果如图 2-153 所示。

图 2-151　　　　　　　　图 2-152　　　　　　　　图 2-153

直接拖曳对象左边或右边中间的控制手柄到相对的边，松开鼠标左键后就可以得到原对象的水平镜像。直接拖曳对象上边或下边中间的控制手柄到相对的边，松开鼠标左键后就可以得到原对象的垂直镜像。

2.2.6　旋转对象

1. 使用工具箱中的工具旋转对象

选择要旋转的对象，如图 2-154 所示。选择自由变换工具 ，对象的四周出现限位框，将鼠标指针放在限位框的外围，鼠标指针变为 ，按下鼠标左键拖曳对象，如图 2-155 所示。旋转到需要的角度后松开鼠标左键，对象的旋转效果如图 2-156 所示。

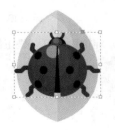  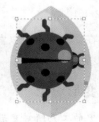

图 2-154　　　　　　　　图 2-155　　　　　　　　图 2-156

选择要旋转的对象，如图 2-157 所示。选择旋转工具 ，对象的中心点出现旋转中心图标 ，如图 2-158 所示，将鼠标指针移动到旋转中心上，按下鼠标左键拖曳旋转中心到需要的位置，如图 2-159 所示，在所选对象外围拖曳鼠标指针旋转对象，效果如图 2-160 所示。

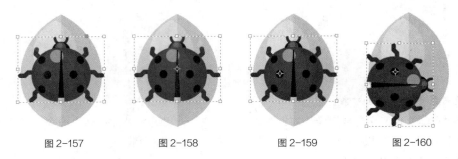

图 2-157　　　　　图 2-158　　　　　图 2-159　　　　　图 2-160

2．使用"变换"面板旋转对象

选择"窗口 > 对象和版面 > 变换"命令，弹出"变换"面板。"变换"面板的使用方法和"2.2.4 移动对象"中使用的方法相同，这里不再赘述。

3．使用"控制面板"旋转对象

选择选择工具 ▶，选择要旋转的对象，在控制面板中的"旋转角度"选项 △ ⟳ 0° ⌄ 中设置对象需要旋转的角度，按 Enter 键，对象被旋转。

单击"顺时针旋转 90°"按钮 ⟳，可将对象顺时针旋转 90°；单击"逆时针旋转 90°"按钮 ⟲，可将对象逆时针旋转 90°。

4．使用菜单命令旋转对象

选择要旋转的对象，如图 2-161 所示。选择"对象 > 变换 > 旋转"命令或双击旋转工具 ⟲，弹出"旋转"对话框。设置需要的数值，如图 2-162 所示，单击"确定"按钮，效果如图 2-163 所示。

图 2-161　　　　　　　　图 2-162　　　　　　　　图 2-163

"角度"选项：在文本框中可以直接输入对象旋转的角度，旋转角度可以是正值也可以是负值，对象将按指定的角度旋转。

2.2.7　倾斜变形对象

1．使用工具箱中的工具倾斜变形对象

选择要倾斜变形的对象，如图 2-164 所示。选择切变工具 ⟳，用鼠标拖曳变形对象，如图 2-165 所示。倾斜到需要的角度后松开鼠标左键，对象的倾斜变形效果如图 2-166 所示。

图 2-164　　　　　　　图 2-165　　　　　　　图 2-166

2. 使用"变换"面板倾斜变形对象

选择"窗口 > 对象和版面 > 变换"命令，弹出"变换"面板。"变换"面板的使用方法和"2.2.4 移动对象"中的使用方法相同，这里不再赘述。

3. 使用控制面板倾斜对象

选择选择工具▶，选择要倾斜的对象，在控制面板的"X 切变角度"选项 〇 0° ∨中设置对象需要倾斜的角度，按 Enter 键，对象按指定的角度倾斜。

4. 使用菜单命令倾斜变形对象

选择要倾斜变形的对象，如图 2-167 所示。选择"对象 > 变换 > 切变"命令，弹出"切变"对话框。设置需要的数值，如图 2-168 所示，单击"确定"按钮，效果如图 2-169 所示。

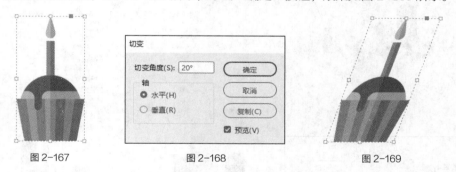

图 2-167　　　　　　　图 2-168　　　　　　　图 2-169

"切变"对话框中主要选项的功能如下。

- "切变角度"文本框：用于设置对象切变的角度。
- "轴"选项组：选择"水平"单选按钮，对象可以水平倾斜；选择"垂直"单选按钮，对象可以垂直倾斜。
- "复制"按钮：用于在原对象上复制多个倾斜的对象。

2.2.8　复制对象

1. 使用菜单命令复制对象

选择要复制的对象，如图 2-170 所示。选择"编辑 > 复制"命令，或按 Ctrl+C 组合键，对象的副本将被放置到剪贴板中。

选择"编辑 > 粘贴"命令，或按 Ctrl+V 组合键，对象的副本将被粘贴到页面中。选择选择工具▶，将副本拖曳到适当的位置，效果如图 2-171 所示。

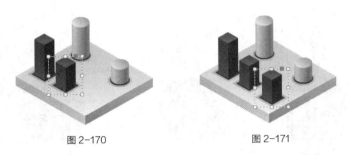

图 2-170　　　　　　　　　　　　　　　图 2-171

2. 使用鼠标右键快捷菜单命令复制对象

选择要复制的对象，如图 2-172 所示。在对象上单击鼠标右键，弹出快捷菜单，选择"变换 > 移动"命令，如图 2-173 所示，弹出"移动"对话框。设置需要的数值，如图 2-174 所示，单击"复制"按钮，可以在选择的对象上复制一个相同的对象，效果如图 2-175 所示。

在原对象上再次单击鼠标右键，弹出快捷菜单，选择"再次变换 > 再次变换"命令，或按 Ctrl+Alt+4 组合键，对象可按"移动"对话框中的设置再次进行复制，效果如图 2-176 所示。

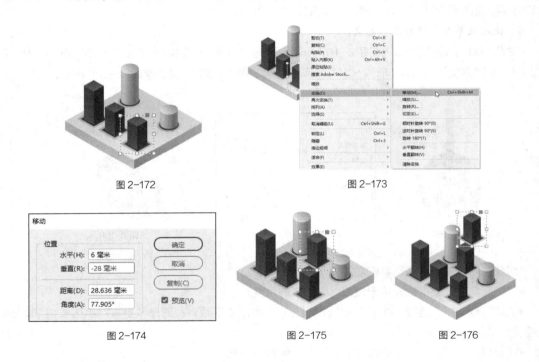

图 2-172　　　　　　　　　　　　　　　图 2-173

图 2-174　　　　　　　　图 2-175　　　　　　　　图 2-176

3. 使用鼠标拖曳的方式复制对象

选择要复制的对象，按住 Alt 键在对象上拖曳鼠标，对象的周围出现灰色框指示移动的位置，移动到需要的位置后松开鼠标左键，再松开 Alt 键，可复制出一个与选取对象相同的对象。

2.2.9　删除对象

选择要删除的对象，选择"编辑 > 清除"命令，或按 Delete 键，可以把选择的对象删除。如果想删除多个或全部对象，首先要选择这些对象，再选择"编辑 > 清除"命令。

2.2.10 撤销和恢复对对象的操作

1. 撤销对对象的操作

选择"编辑 > 还原"命令，或按 Ctrl+Z 组合键，可以撤销上一次的操作。连续按快捷键，可以连续撤销原来的操作。

2. 恢复对对象的操作

选择"编辑 > 重做"命令，或按 Shift+Ctrl+Z 组合键，可以恢复上一次的操作。如果连续按两次快捷键，则恢复两步操作。

2.3 组织图形对象

在 InDesign CC 2019 中，有很多组织图形对象的方法，其中包括对齐与分布对象，排序、编组、锁定与隐藏对象等。

2.3.1 对齐对象

"对齐"面板中的"对齐对象"选项组中包括 6 个对齐命令按钮："左对齐"按钮、"水平居中对齐"按钮、"右对齐"按钮、"顶对齐"按钮、"垂直居中对齐"按钮和"底对齐"按钮。

选择要对齐的对象，如图 2-177 所示。选择"窗口 > 对象和版面 > 对齐"命令，或按 Shift+F7 组合键，弹出"对齐"面板，如图 2-178 所示。单击需要的对齐按钮，相应对齐效果如图 2-179 所示。

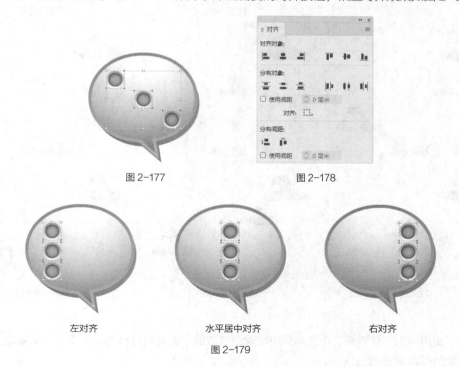

图 2-177   图 2-178

左对齐   水平居中对齐   右对齐

图 2-179

| 顶对齐 | 垂直居中对齐 | 底对齐 |

图 2-179（续）

2.3.2 分布对象

"对齐"面板中的"分布对象"选项组中包括 6 个分布命令按钮："按顶分布"按钮、"垂直居中分布"按钮、"按底分布"按钮、"按左分布"按钮、"水平居中分布"按钮和"按右分布"按钮。"分布间距"选项组中包括两个分布间距命令按钮："垂直分布间距"按钮和"水平分布间距"按钮。单击需要的分布命令按钮，相应的分布效果如图 2-180 所示。

原图	按顶分布	垂直居中分布
按底分布	按左分布	水平居中分布
按右分布	垂直分布间距	水平分布间距

图 2-180

勾选"使用间距"复选框，在文本框中设置距离数值，所有被选择的对象将以所需要的分布方式按设置的数值等距离分布。

2.3.3 对齐基准

在"对齐"面板中的"对齐"基准下拉列表框中包括 5 个对齐选项："对齐选区""对齐关键对象""对齐边距""对齐页面"和"对齐跨页"。选择需要的对齐基准，以"按顶分布"为例，相应的对齐效果如图 2-181 所示。

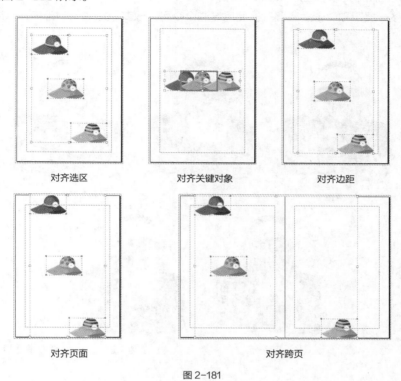

图 2-181

2.3.4 用辅助线对齐对象

选择选择工具 ▶，单击页面左侧的标尺，按住鼠标左键不放并向右拖曳，拖曳出一条垂直的辅助线，将辅助线放在要对齐对象的左边线上，如图 2-182 所示。

单击下方图片并按住鼠标左键不放向左拖曳，使下方图片的左边线和上方图片的左边线垂直对齐，如图 2-183 所示。松开鼠标左键，对齐效果如图 2-184 所示。

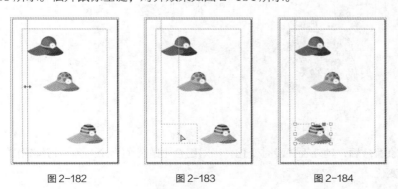

图 2-182   图 2-183   图 2-184

2.3.5 对象的排序

图形对象之间存在着堆叠关系，后绘制的图形对象一般显示在先绘制的图形对象之上。在实际操作中，可以根据需要改变图形对象之间的堆叠顺序。

选择要移动的图形对象，选择"对象 > 排列"命令，其子菜单包括 4 个命令："置于顶层""前移一层""后移一层"和"置为底层"。使用这些命令可以改变图形对象的排序，效果如图 2-185 所示。

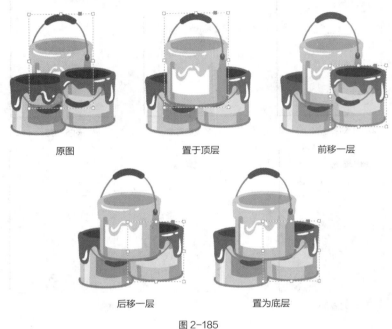

图 2-185

2.3.6 对象的编组

1. 创建编组

选择要编组的对象，如图 2-186 所示。选择"对象 > 编组"命令，或按 Ctrl+G 组合键，将选择的对象编组，如图 2-187 所示。编组后，选择其中的任何一个图像，其他的图像也会同时被选择。

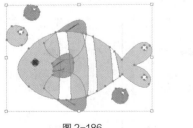

图 2-186   图 2-187

将多个对象组合后，其外观并没有变化，当对组合中的任何一个对象进行编辑时，其他对象也随之产生相应的变化。

　　使用"编组"命令还可以将几个不同的组合进行进一步的组合，或在组合与对象之间进行进一步的组合。在几个组之间进行组合时，原来的组合并没有消失，它与新得到的组合是嵌套的关系。

 提示　　如要组合不同图层上的对象，组合后所有的对象将自动移动到最上层对象的图层中，并形成组合。

2. 取消编组

　　选择要取消组的对象，如图 2-188 所示。选择"对象 > 取消编组"命令，或按 Shift+Ctrl+G 组合键，取消对象的编组。取消编组后，可通过单击选择任意一个图形对象，如图 2-189 所示。

图 2-188　　　　　　　　　　图 2-189

　　执行一次"取消编组"命令只能取消一层组合。例如，两个组合使用"编组"命令得到一个新的组合，应用"取消编组"命令取消这个新组合后，得到两个原始的组合。

2.3.7　锁定对象位置

　　使用"锁定"命令来锁定文档中不希望被移动的对象。只要对象是锁定的，它便不能移动，但仍然可以选择该对象，并更改它其他的属性（如颜色、描边等）。当文档被保存、关闭或重新打开时，锁定的对象会保持锁定。

　　选择要锁定的图形对象，如图 2-190 所示。选择"对象 > 锁定"命令，或按 Ctrl+L 组合键，将图形对象的位置锁定。锁定后，当移动图形对象时，其他图形对象移动，该图形对象则保持不动，效果如图 2-191 所示。

　　　　　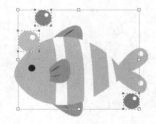

图 2-190　　　　　　　　　　图 2-191

　　选择"对象 > 解锁跨页上的所有内容"命令，或按 Ctrl+Alt+L 组合键，被锁定的图形对象就会被取消锁定。

课堂练习——绘制卡通船

课后习题——绘制动物图标

03

第 3 章
路径的绘制与编辑

本章介绍

　　本章介绍路径的相关知识，讲解如何运用各种方法绘制和编辑路径。通过本章的学习，读者可以利用绘制与编辑路径工具绘制出需要的自由曲线和创意图形。

课堂学习目标

✔ 掌握绘制与编辑路径的方法
✔ 掌握使用复合形状的技巧

3.1　绘制并编辑路径

在 InDesign CC 2019 中，可以使用绘图工具绘制直线和曲线路径，也可以将矩形、多边形、椭圆形和文本对象转换成路径。下面具体介绍绘图和编辑路径的方法与技巧。

3.1.1　课堂案例——绘制时尚女孩

案例学习目标

学习使用钢笔工具、添加锚点工具和填充工具绘制时尚女孩。

案例知识要点

使用矩形工具、直接选择工具和锚点工具绘制背景，使用钢笔工具、渐变色板工具、"贴入内部"命令和填充工具绘制时尚女孩。时尚女孩效果如图 3-1 所示。

效果所在位置

云盘 > Ch03 > 效果 > 绘制时尚女孩.indd。

图 3-1

（1）选择"文件 > 新建 > 文档"命令，弹出"新建文档"对话框，相关设置如图 3-2 所示。单击"边距和分栏"按钮，弹出"新建边距和分栏"对话框，相关设置如图 3-3 所示，单击"确定"按钮，新建一个页面。选择"视图 > 其他 > 隐藏框架边缘"命令，将所绘制图形的框架边缘隐藏。

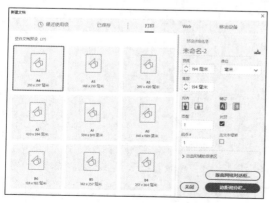

图 3-2

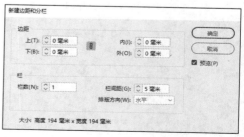

图 3-3

（2）选择矩形工具 ，绘制一个与页面大小相等的矩形，设置图形填充色的 CMYK 值为 74、10、36、0，填充图形，并设置描边色为无，效果如图 3-4 所示。

（3）按 Ctrl+C 组合键，复制矩形，选择"编辑 > 原位粘贴"命令，原位粘贴矩形。选择选择工具 ，向右拖曳所复制矩形左边中间的控制手柄到适当的位置，调整其大小。设置图形填充色的 CMYK 值为 0、64、30、0，填充图形，效果如图 3-5 所示。

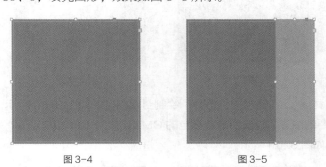

图 3-4   图 3-5

（4）选择直接选择工具 ，按住 Shift 键垂直向上拖曳右下角锚点到适当的位置，效果如图 3-6 所示。用相同的方法调整左上角锚点到适当的位置，效果如图 3-7 所示。

（5）选择矩形工具 ，在适当的位置拖曳鼠标指针绘制一个矩形，设置图形填充色的 CMYK 值为 5、15、35、0，填充图形，并设置描边色为无，效果如图 3-8 所示。

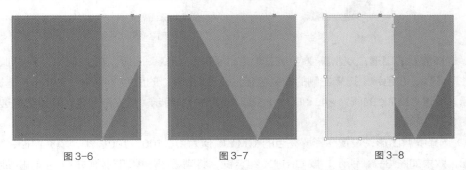

图 3-6   图 3-7   图 3-8

（6）选择直接选择工具 ，按住 Shift 键水平向左拖曳右上角锚点到适当的位置，效果如图 3-9 所示。选择添加锚点工具 ，在矩形左边的适当位置单击添加一个锚点，效果如图 3-10 所示。选择直接选择工具 ，按住 Shift 键水平向右拖曳左下角锚点到适当的位置，效果如图 3-11 所示。

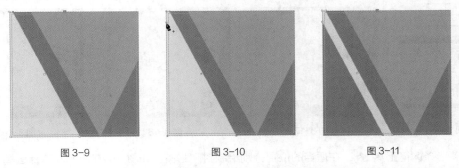

图 3-9   图 3-10   图 3-11

（7）选择钢笔工具 ，在适当的位置绘制一条封闭路径，如图 3-12 所示。填充图形为白色，并设置描边色为无，效果如图 3-13 所示。

图 3-12　　　　　　　　　　　图 3-13

（8）选择钢笔工具 ，在适当的位置分别绘制封闭路径，如图 3-14 所示。选择选择工具 ，按住 Shift 键选择需要的图形，设置图形填充色的 CMYK 值为 100、100、50、20，填充图形，并设置描边色为无，效果如图 3-15 所示。

图 3-14　　　　　　　　　　　图 3-15

（9）选择需要的图形，双击渐变色板工具 ，弹出"渐变"面板。在"类型"下拉列表框中选择"线性"选项，在色带上选择左侧的渐变色标，设置 CMYK 的值为 74、10、36、0，选择右侧的渐变色标，设置 CMYK 的值为 84、35、64、0，如图 3-16 所示。填充渐变色，并设置描边色为无，效果如图 3-17 所示。

（10）选择嘴唇图形，设置图形填充色的 CMYK 值为 0、100、100、20，填充图形，并设置描边色为无，效果如图 3-18 所示。按 Ctrl+X 组合键，将嘴唇图形剪切到剪贴板上。单击嘴唇图形下方的白色图形，选择"编辑 > 贴入内部"命令，将嘴唇图形贴入白色图形的内部，如图 3-19 所示。

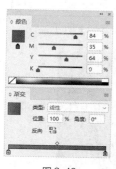

图 3-16　　　　　　　图 3-17　　　　　　　图 3-18　　　　　　　图 3-19

（11）选择钢笔工具 ，在适当的位置分别绘制封闭路径，如图 3-20 所示。选择选择工具 ，选择需要的图形，设置图形填充色的 CMYK 值为 5、15、35、0，填充图形，并设置描边色为无，效果如图 3-21 所示。

（12）选择需要的图形，双击渐变色板工具 ，弹出"渐变"面板。在"类型"下拉列表框中选择"线性"选项，在色带上选择左侧的渐变色标，将"位置"选项设置为 28%，设置 CMYK 的值为 8、90、95、0。选择右侧的渐变色标，将"位置"选项设置为 93%，设置 CMYK 的值为 0、64、30、0，如图 3-22 所示。填充渐变色，并设置描边色为无，效果如图 3-23 所示。

图 3-20

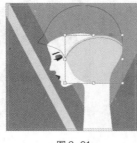
图 3-21

图 3-22

图 3-23

（13）选择钢笔工具 ，在适当的位置分别绘制封闭路径，如图 3-24 所示。选择选择工具 ，选择右侧的图形，设置图形填充色的 CMYK 值为 100、100、50、20，填充图形，并设置描边色为无，效果如图 3-25 所示。选择左侧的图形，设置图形填充色的 CMYK 值为 84、35、64、0，填充图形，并设置描边色为无，效果如图 3-26 所示。

图 3-24

图 3-25

图 3-26

（14）选择钢笔工具 ，在适当的位置绘制一条封闭路径，设置图形填充色的 CMYK 值为 0、100、100、20，填充图形，并设置描边色为无，效果如图 3-27 所示。

（15）选择矩形工具 ，在适当的位置拖曳鼠标指针绘制一个矩形，设置图形填充色的 CMYK 值为 100、100、50、20，填充图形，并设置描边色为无，效果如图 3-28 所示。

图 3-27

图 3-28

（16）选择选择工具 ，按住 Shift 键单击红色图形将其同时选择，在控制面板中将"旋转角度" △ ⌀ 0° ✓ 选项设置为 27°，按 Enter 键，效果如图 3-29 所示。在页面空白处单击，取消图形选择状态，时尚女孩绘制完成，效果如图 3-30 所示。

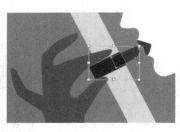 

图 3-29　　　　　　　　　　　　　　　图 3-30

3.1.2　路径

1. 路径的基本概念

路径分为开放路径、封闭路径和复合路径 3 种类型。开放路径的两个端点没有连接在一起，如图 3-31 所示。封闭路径没有起点和终点，是一条连续的路径，如图 3-32 所示，可对其进行内部填充或描边填充。复合路径是将几个开放或封闭路径进行组合而形成的路径，如图 3-33 所示。

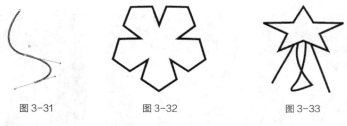

图 3-31　　　　　　　　图 3-32　　　　　　　　图 3-33

2. 路径的组成

路径由锚点和线段组成，锚点包括直线锚点和曲线锚点，线段包括直线段和曲线段，可以通过调整路径上的锚点或线段来改变路径的形状。在曲线段上，每一个锚点有一条或两条控制手柄。控制手柄由控制线和控制点组成，控制线的角度和长度决定了线段的形状。曲线段中间的曲线锚点有两条控制手柄，曲线段两端的直线锚点有一条控制手柄。路径两端的锚点叫作端点，如图 3-34 所示。

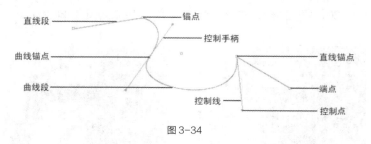

图 3-34

下面介绍与路径相关的一些概念。

- 锚点：由钢笔工具创建，是一条路径中两条线段的交点。

• 直线锚点：单击刚建立的锚点，可以将锚点转换为带有一个独立控制手柄的直线锚点，直线锚点是一条直线段与一条曲线段的连接点。

• 曲线锚点：曲线锚点是带有两个独立控制手柄的锚点，曲线锚点是两条曲线段之间的连接点，调节控制手柄可以改变曲线的弧度。

• 控制手柄：由控制线和控制点组成，通过调节控制手柄，可以更精准地绘制路径。

• 直线段：用钢笔工具在图像中单击两个不同的位置，将在两点之间创建一条直线段。

• 曲线段：拖动曲线锚点可以创建一条曲线段。

• 端点：路径的结束点就是路径的端点。

3.1.3　直线工具

选择直线工具 ，鼠标指针会变成-¦-，按下鼠标左键并拖曳鼠标到适当的位置可以绘制出一条任意角度的直线，如图 3-35 所示。松开鼠标左键，绘制出的直线呈选择状态，效果如图 3-36 所示。选择选择工具 ，在选择的直线外单击，取消选择状态，直线的效果如图 3-37 所示。按住 Shift 键进行绘制，可以绘制水平、垂直或角度为 45° 及 45° 倍数的直线，如图 3-38 所示。

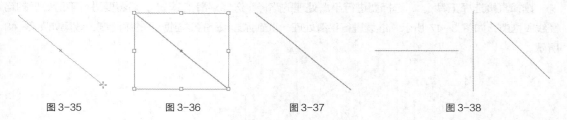

图 3-35　　　　　　　　图 3-36　　　　　　　　图 3-37　　　　　　　　图 3-38

3.1.4　铅笔工具

1. 使用铅笔工具绘制开放路径

选择铅笔工具 ，当鼠标指针显示为 时，在页面中拖曳鼠标指针绘制路径，如图 3-39 所示，松开鼠标左键后，效果如图 3-40 所示。

图 3-39　　　　　　　　　　　　　　　图 3-40

2. 使用铅笔工具绘制封闭路径

选择铅笔工具 ，按住鼠标左键在页面中拖曳。按住 Alt 键，当鼠标指针显示为 时，表示正在绘制封闭路径，如图 3-41 所示。松开鼠标左键，再松开 Alt 键，绘制出封闭的路径效果如图 3-42 所示。

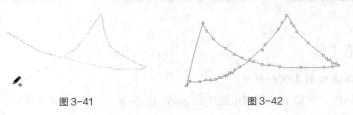

图 3-41　　　　　　　　　图 3-42

3．使用铅笔工具连接两条路径

选择选择工具 ▶，选择两条开放的路径，如图 3-43 所示。选择铅笔工具 ✐，按住鼠标左键，将鼠标指针从一条路径的端点拖曳到另一条路径的端点处，如图 3-44 所示。按住 Ctrl 键，鼠标指针显示为 ✐，表示将合并两个锚点或路径，如图 3-45 所示。松开鼠标左键，再松开 Ctrl 键，效果如图 3-46 所示。

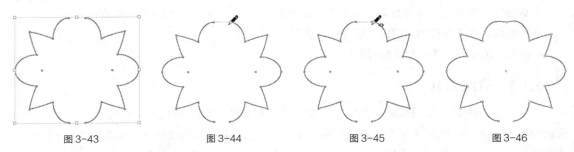

图 3-43　　　　　　　　图 3-44　　　　　　　　图 3-45　　　　　　　　图 3-46

3.1.5　平滑工具

选择直接选择工具 ▷，选择要进行平滑处理的路径。选择平滑工具 ✐，沿着要进行平滑处理的路径线段拖曳，如图 3-47 所示。继续进行平滑处理，直到描边或路径达到所需的平滑度，效果如图 3-48 所示。

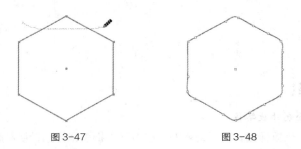

图 3-47　　　　　　　　　　图 3-48

3.1.6　抹除工具

选择直接选择工具 ▷，选择要抹除的路径，如图 3-49 所示。选择抹除工具 ✐，沿着要抹除的路径拖曳，如图 3-50 所示。抹除后的路径断开，生成两个端点，效果如图 3-51 所示。

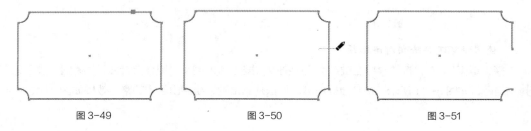

图 3-49　　　　　　　　　　图 3-50　　　　　　　　　　图 3-51

3.1.7　钢笔工具

1．使用钢笔工具绘制直线和折线

选择钢笔工具 ✐，在页面中任意位置单击，将创建出第 1 个锚点，将鼠标指针移动到需要的位置再次单击，可以创建第 2 个锚点，两个锚点之间自动以直线段进行连接，效果如图 3-52 所示。

将鼠标指针移动到其他位置后单击，就创建了第 3 个锚点，在第 2 个和第 3 个锚点之间生成一条新的直线段路径，效果如图 3-53 所示。

使用相同的方法继续绘制路径，效果如图 3-54 所示。当要闭合路径时，将鼠标指针定位于创建的第 1 个锚点上，鼠标指针变为 ♦₀，如图 3-55 所示，单击就可以闭合路径，效果如图 3-56 所示。

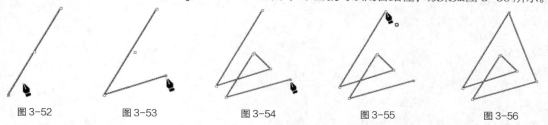

图 3-52　　　　　图 3-53　　　　　　图 3-54　　　　　图 3-55　　　　　图 3-56

绘制一条路径并保持路径开放，如图 3-57 所示。按住 Ctrl 键在对象外的任意位置单击，可以结束路径的绘制，开放路径效果如图 3-58 所示。

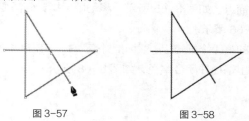

图 3-57　　　　　图 3-58

提示　　　按住 Shift 键创建锚点，将以角度为 45°或 45°的倍数绘制路径；按住 Alt 键，钢笔工具的鼠标指针 ♦ 将暂时转换成转换方向点工具的鼠标指针 ⌐；按住 Ctrl 键，钢笔工具的鼠标指针 ♦ 将暂时转换成直接选择工具的鼠标指针 ▷。

2．使用钢笔工具绘制路径

选择钢笔工具 ⬚，在页面中单击并按住鼠标左键拖曳来确定路径的起点。起点的两端分别出现了一条控制手柄，松开鼠标左键，其效果如图 3-59 所示。

移动鼠标指针到需要的位置，再次单击并按住鼠标左键拖曳，出现了一条路径线段。拖曳鼠标指针的同时，第 2 个锚点两端也出现了控制手柄。按住鼠标左键不放，随着鼠标指针的移动，路径线段的形状也随之发生变化，如图 3-60 所示。松开鼠标左键，拖曳鼠标指针继续绘制。

如果连续单击并拖曳鼠标指针，就会绘制出连续平滑的路径，如图 3-61 所示。

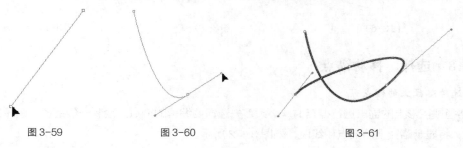

图 3-59　　　　　　　图 3-60　　　　　　　　图 3-61

3．使用钢笔工具绘制复合路径

选择钢笔工具 ，在页面中需要的位置单击两次绘制出直线段，如图 3-62 所示。

移动鼠标指针到需要的位置，再次单击并按住鼠标左键拖曳，绘制出一条路径线段，如图 3-63 所示。松开鼠标左键，移动鼠标指针到需要的位置，再次单击并按住鼠标左键拖曳，又绘制出一条路径线段，松开鼠标左键，如图 3-64 所示。

图 3-62   图 3-63   图 3-64

选择钢笔工具 ，将鼠标指针定位于刚建立的路径锚点上，鼠标指针变为 ，在路径锚点上单击，将路径锚点转换为直线锚点，如图 3-65 所示。移动鼠标指针到需要的位置再次单击，在路径线段后绘制出直线段，如图 3-66 所示。

将鼠标指针定位于创建的第 1 个锚点上，鼠标指针变为 ，单击并按住鼠标左键拖曳，如图 3-67 所示。松开鼠标左键，绘制出路径并闭合路径，如图 3-68 所示。

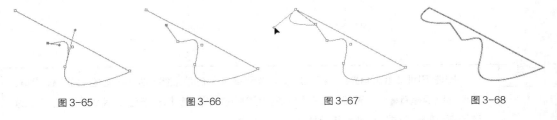

图 3-65   图 3-66   图 3-67   图 3-68

4．调整路径

选择直接选择工具 ，选择需要调整的路径，如图 3-69 所示。使用直接选择工具 ，在要调整的锚点上单击并拖曳鼠标，可以移动锚点到需要的位置，如图 3-70 所示。拖曳锚点两端的控制手柄，可以调整路径的形状，如图 3-71 所示。

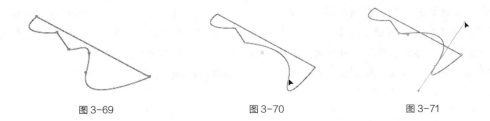

图 3-69   图 3-70   图 3-71

3.1.8 选择、移动锚点

1．选择路径上的锚点

对路径或图形上的锚点进行编辑时，必须首先选择要编辑的锚点。绘制一条路径，选择直接选择工具 ，将显示路径上的锚点和线段，如图 3-72 所示。

路径中的每个方形小圈就是路径的锚点，在需要选择的锚点上单击，锚点上会显示控制线和控制线两端的控制点，同时会显示前后锚点的控制线和控制点，效果如图 3-73 所示。

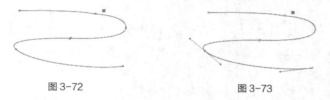

图 3-72　　　　　　　　　　　图 3-73

2. 选择路径上的多个或全部锚点

选择直接选择工具，按住 Shift 键单击需要的锚点，可选择多个锚点，如图 3-74 所示。

选择直接选择工具，在绘图页面中路径图形的外围按住鼠标左键，拖曳鼠标指针圈住多个或全部锚点，如图 3-75、图 3-76 所示，被圈住的锚点将被全部选择，如图 3-77、图 3-78 所示。单击路径外的任意位置，锚点的选择状态将被取消。

选择直接选择工具，单击路径的中心点，可选择路径上的所有锚点，如图 3-79 所示。

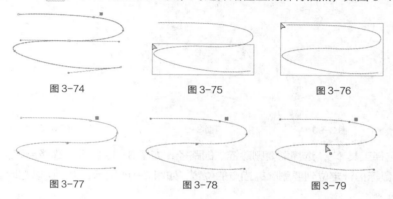

图 3-74　　　　　　图 3-75　　　　　　图 3-76

图 3-77　　　　　　图 3-78　　　　　　图 3-79

3. 移动路径上的单个锚点

绘制一个图形，如图 3-80 所示。选择直接选择工具，单击要移动的锚点并按住鼠标左键拖曳，如图 3-81 所示。松开鼠标左键，图形调整的效果如图 3-82 所示。

选择直接选择工具，选择并拖曳锚点上的控制点，如图 3-83 所示。松开鼠标左键，图形调整的效果如图 3-84 所示。

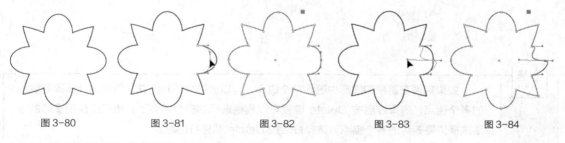

图 3-80　　　图 3-81　　　图 3-82　　　图 3-83　　　图 3-84

4. 移动路径上的多个锚点

选择直接选择工具，圈选图形上的部分锚点，如图 3-85 所示。按住鼠标左键将其拖曳到适当的位置，松开鼠标左键，移动后的锚点如图 3-86 所示。

选择直接选择工具 ▷，锚点的选择状态如图 3-87 所示。拖曳任意一个被选择的锚点，其他被选择的锚点也会随之移动，如图 3-88 所示。松开鼠标左键，图形调整的效果如图 3-89 所示。

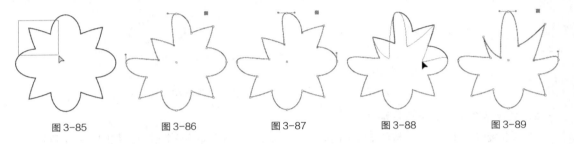

图 3-85　　　　　图 3-86　　　　　图 3-87　　　　　图 3-88　　　　　图 3-89

3.1.9　增加、删除、转换锚点

选择直接选择工具 ▷，选择要增加锚点的路径，如图 3-90 所示。选择钢笔工具 ✎或添加锚点工具 ✎⁺，将鼠标指针定位到要增加锚点的位置，如图 3-91 所示。单击增加一个锚点，如图 3-92 所示。

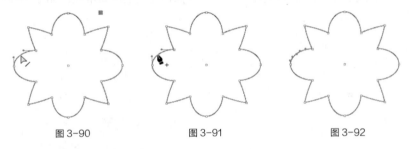

图 3-90　　　　　　　图 3-91　　　　　　　图 3-92

选择直接选择工具 ▷，选择需要删除锚点的路径，如图 3-93 所示。选择钢笔工具 ✎或删除锚点工具 ✎⁻，将鼠标指针定位到要删除的锚点的位置，如图 3-94 所示，单击可以删除这个锚点，效果如图 3-95 所示。

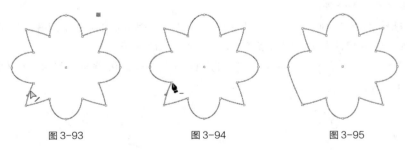

图 3-93　　　　　　　图 3-94　　　　　　　图 3-95

 提示　　如果需要在路径和图形中删除多个锚点，可以先按住 Shift 键，再用鼠标选择要删除的多个锚点，选择好后按 Delete 键就可以删除选择的多个锚点了；也可以使用圈选的方法选择需要删除的多个锚点，选择好后按 Delete 键进行删除。

选择直接选择工具 ▷ 选择路径，如图 3-96 所示。选择转换方向点工具 ⌐，将鼠标指针定位到要转换的锚点上，如图 3-97 所示。拖曳鼠标指针可转换锚点，编辑路径的形状，效果如图 3-98 所示。

图 3-96　　　　　　　图 3-97　　　　　　　图 3-98

3.1.10　连接、断开路径

1. 使用钢笔工具连接路径

选择钢笔工具 ，将鼠标指针置于一条开放路径的端点上，当鼠标指针变为 _时单击端点，如图 3-99 所示。在需要扩展的新位置单击，绘制出的连接路径如图 3-100 所示。

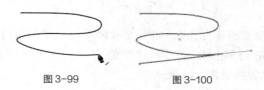

图 3-99　　　　　　　图 3-100

选择钢笔工具 ，将鼠标指针置于一条路径的端点上，当鼠标指针变为 _时单击端点，如图 3-101 所示。再将鼠标指针置于另一条路径的端点上，当鼠标指针变为 时，如图 3-102 所示，单击端点将两条路径连接，效果如图 3-103 所示。

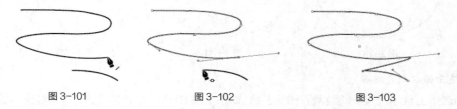

图 3-101　　　　　　　图 3-102　　　　　　　图 3-103

2. 使用面板连接路径

选择一条开放路径，如图 3-104 所示。选择"窗口 > 对象和版面 > 路径查找器"命令，弹出"路径查找器"面板。单击"封闭路径"按钮 ，如图 3-105 所示，将路径闭合，效果如图 3-106 所示。

图 3-104　　　　　　　图 3-105　　　　　　　图 3-106

3. 使用菜单命令连接路径

选择一条开放路径，选择"对象 ＞ 路径 ＞ 封闭路径"命令，也可将路径封闭。

4. 使用剪刀工具断开路径

选择直接选择工具 ▷，选择要断开路径的锚点，如图 3-107 所示。选择剪刀工具 ✂，在锚点处单击可将路径剪开，如图 3-108 所示。选择直接选择工具 ▷，单击并拖曳断开的锚点，效果如图 3-109 所示。

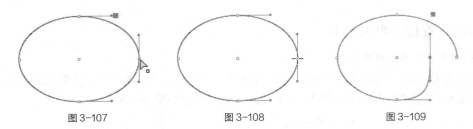

图 3-107　　　　　　　　图 3-108　　　　　　　　图 3-109

选择选择工具 ▶，选择要断开的路径，如图 3-110 所示。选择剪刀工具 ✂，在要断开的路径处单击，可将路径剪开，单击处将生成呈选中状态的锚点，如图 3-111 所示。选择直接选择工具 ▷，单击并拖曳断开的锚点，效果如图 3-112 所示。

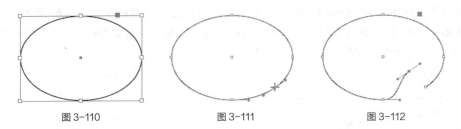

图 3-110　　　　　　　　图 3-111　　　　　　　　图 3-112

5. 使用面板断开路径

选择选择工具 ▶，选择需要断开的路径，如图 3-113 所示。选择"窗口 ＞ 对象和版面 ＞ 路径查找器"命令，弹出"路径查找器"面板。单击"开放路径"按钮 ◷，如图 3-114 所示，将封闭的路径断开，如图 3-115 所示，呈选中状态的锚点是路径的断开点，选择并拖曳该锚点，效果如图 3-116 所示。

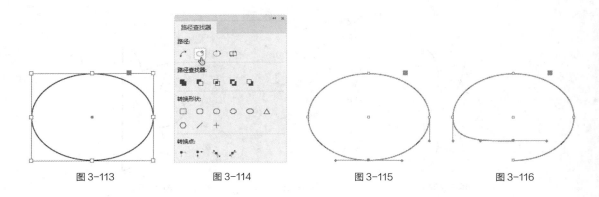

图 3-113　　　　　　　图 3-114　　　　　　　图 3-115　　　　　　　图 3-116

6. 使用菜单命令断开路径

选择一条封闭路径，选择"对象 > 路径 > 开放路径"命令，可将路径断开，呈选择状态的锚点为路径的断开点。

3.2 复合形状

在 InDesign CC 2019 中，使用复合形状来编辑图形对象是非常重要的手段。复合形状是由简单路径、文本框架、文本外框或其他形状通过添加、减去、交叉、排除重叠或减去后方对象制作而成的。

3.2.1 课堂案例——绘制橄榄球标志

案例学习目标

学习使用绘制图形工具、"路径查找器"面板及相关命令绘制橄榄球图标。

案例知识要点

使用椭圆工具、"缩放"命令、钢笔工具、矩形工具和"路径查找器"面板绘制橄榄球，使用文字工具输入需要的文本。橄榄球标志效果如图 3-117 所示。

效果所在位置

云盘 > Ch03 > 效果 > 绘制橄榄球标志.indd。

图 3-117

（1）选择"文件 > 新建 > 文档"命令，弹出"新建文档"对话框，相关设置如图 3-118 所示。单击"边距和分栏"按钮，弹出"新建边距和分栏"对话框，相关设置如图 3-119 所示，单击"确定"按钮，新建一个页面。选择"视图>其他>隐藏框架边缘"命令，将所绘制图形的框架边缘隐藏。

（2）选择矩形工具 ，在页面中绘制一个矩形，填充图形为黑色，并设置描边色为无，效果如图 3-120 所示。选择椭圆工具 ◯，在页面外绘制一个椭圆形，如图 3-121 所示。

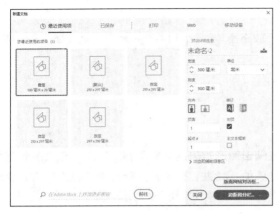

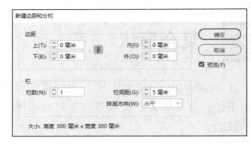

图 3-118 　　　　　　　　　　　　　　　　　　　　图 3-119

图 3-120 　　　　　　　　　　　　　　　　图 3-121

（3）选择直接选择工具 ，选择椭圆右侧的锚点后出现控制手柄，如图 3-122 所示，按住 Shift 键向上拖曳下方的控制手柄到适当的位置，如图 3-123 所示。使用相同方法调节其他锚点的控制手柄，效果如图 3-124 所示。

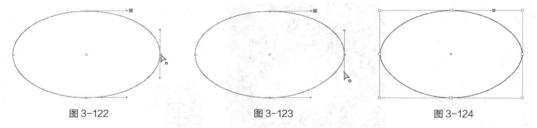

图 3-122 　　　　　　　　　　　图 3-123 　　　　　　　　　　　图 3-124

（4）选择"对象 > 变换 > 缩放"命令，在弹出的"缩放"对话框中进行设置，如图 3-125 所示。单击"复制"按钮，复制并缩小图形，效果如图 3-126 所示。

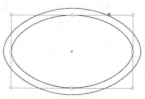

图 3-125 　　　　　　　　　　　　　　　图 3-126

（5）选择钢笔工具 ，在适当的位置绘制一个闭合路径，如图 3-127 所示。选择选择工具 ，按住 Alt+Shift 组合键水平向右拖曳图形到适当的位置，复制图形，效果如图 3-128 所示。单击控制面板中的"水平翻转"按钮 ，水平翻转图形，效果如图 3-129 所示。

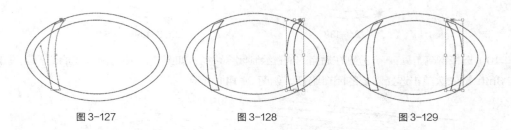

图 3-127　　　　　　　　图 3-128　　　　　　　　图 3-129

（6）选择椭圆工具 ，按住 Shift 键在适当的位置绘制一个圆形，如图 3-130 所示。选择矩形工具 ，在适当的位置绘制一个矩形，如图 3-131 所示。

（7）在控制面板中将"旋转角度" 选项设置为 7°，按 Enter 键，效果如图 3-132 所示。选择选择工具 ，选择上方圆形，按住 Alt 键向下拖曳圆形到适当的位置，复制圆形，效果如图 3-133 所示。使用相同方法绘制其他图形，效果如图 3-134 所示。

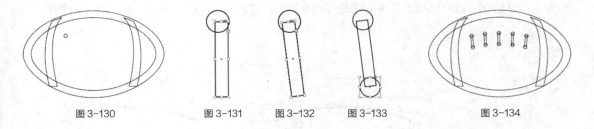

图 3-130　　　　图 3-131　　　图 3-132　　　图 3-133　　　　图 3-134

（8）选择选择工具 ，按住 Shift 键依次单击选择需要的图形，如图 3-135 所示。选择"窗口 > 对象和版面 > 路径查找器"命令，弹出"路径查找器"面板。单击"减去"按钮 ，如图 3-136 所示，生成新对象，效果如图 3-137 所示。

图 3-135　　　　　　　　图 3-136　　　　　　　　图 3-137

（9）选择钢笔工具 ，在适当的位置绘制一条路径，如图 3-138 所示。在控制面板中将"描边粗细" 选项设置为 9 点，按 Enter 键，效果如图 3-139 所示。

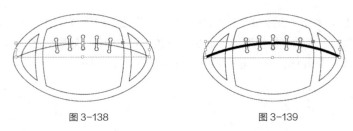

图 3-138   图 3-139

（10）选择钢笔工具 ✎，分别在适当的位置绘制闭合路径，如图 3-140 所示。选择选择工具 ▶，
按住 Shift 键依次单击选择需要的闭合路径，如图 3-141 所示。

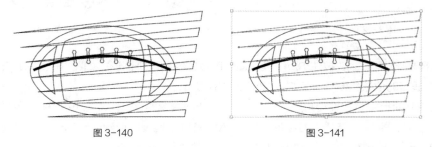

图 3-140   图 3-141

（11）在"路径查找器"面板中单击"相加"按钮 ◼，如图 3-142 所示，生成新对象，效果
如图 3-143 所示。选择选择工具 ▶，按住 Shift 键单击椭圆形将其同时选择，如图 3-144 所示。

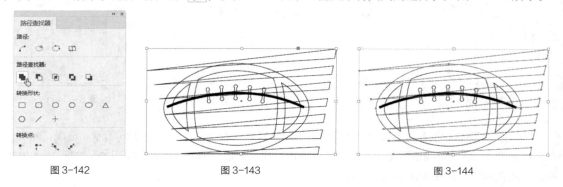

图 3-142   图 3-143   图 3-144

（12）在"路径查找器"面板中单击"减去后方对象"按钮 ◻，如图 3-145 所示，生成新对象，
效果如图 3-146 所示。设置图形填充色的 CMYK 值为 0、100、100、0，填充图形，并设置描边色
为无，效果如图 3-147 所示。

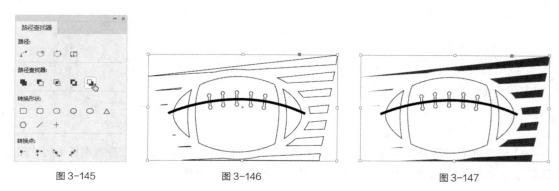

图 3-145   图 3-146   图 3-147

（13）选择选择工具 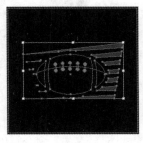，用圈选的方法将所绘制的图形同时选择，并将其拖曳到页面中适当的位置，如图 3-148 所示。选择橄榄球图形，填充图形为白色，并设置描边色为无，效果如图 3-149 所示。

（14）选择文字工具 T，在适当的位置拖曳出一个文本框架，并在文本框架中输入需要的文本。选择输入的文本，在控制面板中选择合适的字体并设置文字大小，效果如图 3-150 所示。至此，橄榄球标志绘制完成。

图 3-148   图 3-149   图 3-150

3.2.2 复合形状

1. 添加

添加是指将多个图形结合成一个图形，新的图形轮廓由被添加图形的边界组成，被添加图形的交叉线都将消失。

选择选择工具 ▶，选择需要的图形对象，如图 3-151 所示。选择"窗口 > 对象和版面 > 路径查找器"命令，弹出"路径查找器"面板，单击"相加"按钮，如图 3-152 所示，将两个图形相加。相加后图形对象的边框和颜色与最前方的图形对象相同，效果如图 3-153 所示。

图 3-151   图 3-152   图 3-153

选择选择工具 ▶，选择需要的图形对象。选择"对象 > 路径查找器 > 添加"命令，也可以将两个图形相加。

2. 减去

减去是指从最底层的对象中减去最顶层的对象，相减后的对象保留底层对象的填充和描边属性。

选择选择工具 ▶，选择需要的图形对象，如图 3-154 所示。选择"窗口 > 对象和版面 > 路径查找器"命令，弹出"路径查找器"面板，单击"减去"按钮 ，如图 3-155 所示，将两个图形相减。相减后的对象保留底层对象的属性，效果如图 3-156 所示。

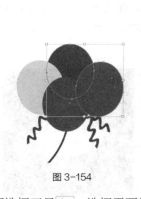  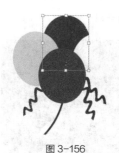

图 3-154　　　　　　　　　图 3-155　　　　　　　　　图 3-156

选择选择工具 ，选择需要的图形对象。选择"对象 ＞ 路径查找器 ＞ 减去"命令，也可以将两个图形相减。

3. 交叉

交叉是指将两个或两个以上对象的相交部分保留，使相交的部分成为一个新的图形对象。

选择选择工具 ，选择需要的图形对象，如图 3-157 所示。选择"窗口 ＞ 对象和版面 ＞ 路径查找器"命令，弹出"路径查找器"面板，单击"交叉"按钮 ，如图 3-158 所示，使两个图形相交。相交后的对象保留顶层对象的属性，效果如图 3-159 所示。

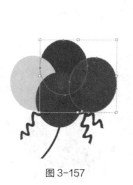  

图 3-157　　　　　　　　　图 3-158　　　　　　　　　图 3-159

选择选择工具 ，选择需要的图形对象。选择"对象 ＞ 路径查找器 ＞ 交叉"命令，也可以将两个图形相交。

4. 排除重叠

排除重叠是指减去前后图形的重叠部分，将不重叠的部分创建成新图形对象。

选择选择工具 ，选择需要的图形对象，如图 3-160 所示。选择"窗口 ＞ 对象和版面 ＞ 路径查找器"命令，弹出"路径查找器"面板，单击"排除重叠"按钮 ，如图 3-161 所示，将两个图形重叠的部分减去。生成的新对象保持最前方图形对象的属性，效果如图 3-162 所示。

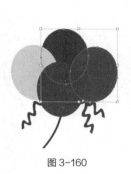
图 3-160

图 3-161

图 3-162

选择选择工具 ▶ ，选择需要的图形对象。选择"对象 > 路径查找器 > 排除重叠"命令，也可将两个图形重叠的部分减去。

5．减去后方对象

减去后方对象是指减去后面的图形，并减去前后图形的重叠部分，保留前面图形的剩余部分。

选择选择工具 ▶ ，选择需要的图形对象，如图 3-163 所示。选择"窗口 > 对象和版面 > 路径查找器"命令，弹出"路径查找器"面板，单击"减去后方对象"按钮 ，如图 3-164 所示，将后方的图形对象减去。生成的新对象保留最前方图形对象的属性，效果如图 3-165 所示。

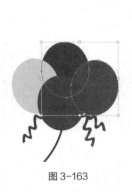
图 3-163

图 3-164

图 3-165

选择选择工具 ▶ ，选择需要的图形对象。选择"对象 > 路径查找器 > 减去后方对象"命令，也可将后方的图形对象减去。

课堂练习——绘制时尚插画

课后习题——绘制海滨插画

第4章
编辑描边与填充

04

本章介绍

  本章详细讲解在 InDesign CC 2019 中编辑图形描边和填充图形颜色的方法，并对"效果"面板进行重点介绍。通过本章的学习，读者可以制作出不同的图形描边和填充效果，还可以根据设计需要添加混合模式和特殊效果。

课堂学习目标

- 掌握设置描边与填充的方法
- 掌握"效果"面板的使用方法

4.1　设置描边与填充

InDesign CC 2019 提供了丰富的描边和填充设置，可以制作出精美的效果。下面具体介绍编辑图形填充与描边的方法和技巧。

4.1.1　课堂案例——绘制风景插画

案例学习目标

学习使用填充工具、渐变色板工具绘制风景插画。

案例知识要点

使用"颜色"面板填充后山和房子，使用渐变色板工具填充后山和房子阴影，使用椭圆工具、渐变羽化工具绘制太阳。风景插画效果如图 4-1 所示。

效果所在位置

云盘 > Ch04 > 效果 > 绘制风景插画.indd。

图 4-1

（1）按 Ctrl+O 组合键，打开云盘中的"Ch04 > 素材 > 绘制风景插画 > 01"文件，如图 4-2 所示。选择选择工具 ▶，选择下方的矩形，如图 4-3 所示。

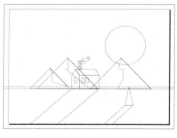

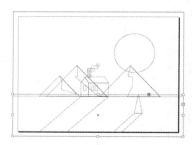

图 4-2　　　　　　　　　　　　　　　　图 4-3

（2）选择"窗口 > 颜色 > 颜色"命令，在弹出的"颜色"面板中设置 CMYK 值为 0、90、25、0，如图 4-4 所示，按 Enter 键，并设置描边色为无，效果如图 4-5 所示。

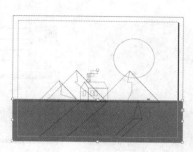

图 4-4   图 4-5

（3）选择选择工具 ▶，选择上方的矩形。双击渐变色板工具 ▣，弹出"渐变"面板，在"类型"下拉列表框中选择"线性"选项。在色带上选择左侧的渐变色标，设置 CMYK 的值为 0、33、52、0，选择右侧的渐变色标，设置 CMYK 的值为 0、26、100、0，如图 4-6 所示，填充渐变色，并设置描边色为无，效果如图 4-7 所示。

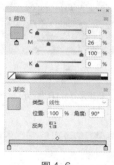

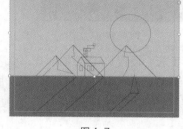

图 4-6   图 4-7

（4）选择选择工具 ▶，选择右侧需要的图形，如图 4-8 所示。在"颜色"面板中设置 CMYK 值为 65、0、20、0，如图 4-9 所示，按 Enter 键，并设置描边色为无，效果如图 4-10 所示。

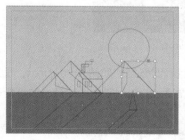

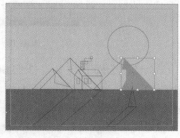

图 4-8   图 4-9   图 4-10

（5）选择选择工具 ▶，选择左侧的三角形，如图 4-11 所示。双击渐变色板工具 ▣，弹出"渐变"面板，在"类型"下拉列表框中选择"线性"选项。在色带上选择左侧的渐变色标，设置 CMYK 的值为 0、0、0、90，选择右侧的渐变色标，设置 CMYK 的值为 0、0、0、100，如图 4-12 所示，填充渐变色，并设置描边色为无，效果如图 4-13 所示。

（6）用上述方法为其他图形填充相应的颜色，效果如图 4-14 所示。选择选择工具 ▶，按住 Shift 键依次单击需要的矩形将其同时选择，如图 4-15 所示。

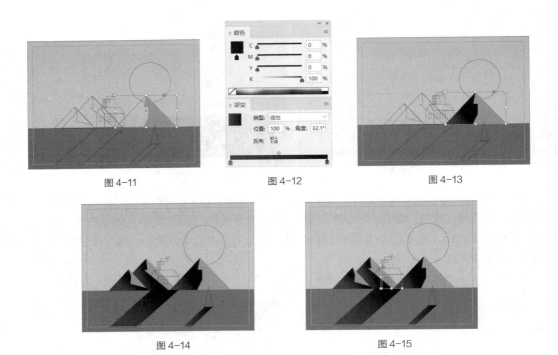

图 4-11　　　　　　　　图 4-12　　　　　　　　图 4-13

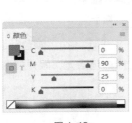

图 4-14　　　　　　　　　　　　图 4-15

（7）在"颜色"面板中设置 CMYK 值为 0、90、25、0，如图 4-16 所示，按 Enter 键，并设置描边色为无，取消矩形的选择状态，效果如图 4-17 所示。

图 4-16　　　　　　　　　　　　图 4-17

（8）选择选择工具 ▶，按住 Shift 键依次单击需要的矩形将其同时选择，如图 4-18 所示。设置描边色为白色，并在控制面板中将"描边粗细" ⌄ 0.283 点 ⌄ 选项设置为 1 点，按 Enter 键，取消矩形的选择状态，效果如图 4-19 所示。

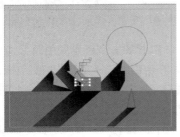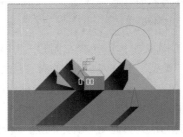

图 4-18　　　　　　　　　　　　图 4-19

（9）用上述方法为其他图形填充相应的颜色，效果如图 4-20 所示。选择选择工具 ▶，选择圆形，填充图形为白色，并设置描边色为无，效果如图 4-21 所示。

图 4-20

图 4-21

（10）选择渐变羽化工具 ▥，在圆形中单击并按住鼠标左键向右下侧拖曳，如图 4-22 所示。松开鼠标左键，渐变羽化的效果如图 4-23 所示。在页面空白处单击，取消图形选择状态，风景插画绘制完成，效果如图 4-24 所示。

图 4-22

图 4-23

图 4-24

4.1.2　编辑描边

描边是指一个图形对象的边缘或路径。默认的状态下，在 InDesign CC 2019 中绘制出的图形基本上已画出了细细的黑色描边。通过调整描边的宽度，可以绘制出不同宽度的描边，如图 4-25 所示，还可以将描边设置为无。

应用工具箱下方的"描边"按钮，如图 4-26 所示，可以指定所选对象的描边颜色。按 X 键可以切换填充显示框和描边显示框的位置，单击"互换填色和描边"按钮 ↩ 或按 Shift+X 组合键可以将填充色和描边色互换。

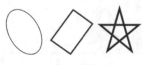
图 4-25

图 4-26

在工具箱下方有 3 个按钮，分别是"应用颜色"按钮 ■、"应用渐变"按钮 ▣ 和"应用无"按钮 ☑。

1．设置描边的粗细

选择选择工具 ▶，选择需要的图形，如图 4-27 所示。在控制面板中的"描边粗细"选项 ⬍ 0.283 点 ⌄

文本框中输入需要的数值，如图 4-28 所示，按 Enter 键确定操作，效果如图 4-29 所示。

图 4-27　　　　　　　　　　　图 4-28　　　　　　　　　　　图 4-29

选择选择工具 ▶，选择需要的图形，如图 4-30 所示。选择"窗口 > 描边"命令，或按 F10 键，弹出"描边"面板，在"粗细"选项的下拉列表框中选择需要的描边宽度值，或者直接输入合适的数值。本例将"粗细"设置为 4 点，如图 4-31 所示，图形的描边宽度被改变，效果如图 4-32 所示。

图 4-30　　　　　　　　　　　图 4-31　　　　　　　　　　　图 4-32

2. 设置描边的填充

保持图形被选择的状态，如图 4-33 所示。选择"窗口 > 颜色 > 色板"命令，弹出"色板"面板，单击"描边"按钮，如图 4-34 所示。单击面板右上方的 ≡ 按钮，在弹出的菜单中选择"新建颜色色板"命令，弹出"新建颜色色板"对话框，相关设置如图 4-35 所示。单击"确定"按钮，对象描边的填充效果如图 4-36 所示。

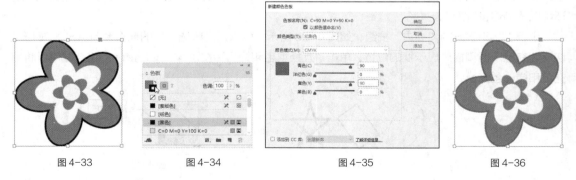

图 4-33　　　　　　　图 4-34　　　　　　　图 4-35　　　　　　　图 4-36

保持图形被选择的状态，如图 4-37 所示。选择"窗口 > 颜色 > 颜色"命令，弹出"颜色"面板，相关设置如图 4-38 所示。或双击工具箱下方的"描边"按钮，弹出"拾色器"对话框，如图 4-39 所示，在对话框中可以调配所需的颜色，调配好后单击"确定"按钮，对象描边的颜色填充效果如图 4-40 所示。

图 4-37

图 4-38

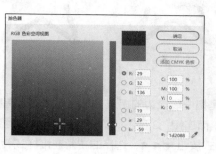
图 4-39

图 4-40

保持图形被选择的状态，如图 4-41 所示。选择"窗口 > 颜色 > 渐变"命令，在弹出的"渐变"面板中可以调配所需的渐变色，如图 4-42 所示，图形的描边渐变效果如图 4-43 所示。

图 4-41

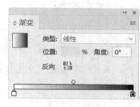
图 4-42

图 4-43

3. 使用"描边"面板

选择"窗口 > 描边"命令，或按 F10 键，弹出"描边"面板，如图 4-44 所示。"描边"面板主要用来设置对象描边的属性，如粗细、形状等。

在"描边"面板中，"斜接限制"选项可以设置描边沿路径改变方向时的伸展长度，可以在其下拉列表框中选择所需的数值，也可以在文本框中直接输入合适的数值。将"斜接限制"选项分别设置为 2 和 20 时的对象描边效果分别如图 4-45、图 4-46 所示。

图 4-44

图 4-45

图 4-46

在"描边"面板中，末端是指一段描边的首端和尾端，可以通过为描边的首端和尾端选择不同的端点样式来改变描边末端的形状。使用"钢笔"工具 ✐ 绘制一段描边，在"描边"面板中，"端点"选项包括 3 个不同端点样式的按钮 ▆ ▆ ▆，选择的端点样式会应用到选择的描边中，如图 4-47 所示。

平头端点 　　　　　　　　 圆头端点 　　　　　　　　 投射末端

图 4-47

　　"连接"选项是指一段描边的拐点，连接样式就是指描边拐角处的形状。该选项有"斜接连接""圆角连接"和"斜面连接"3 种不同的转角连接样式。绘制多边形的描边，单击"描边"面板中的 3 个不同转角连接样式按钮，选择的转角连接样式会应用到选择的描边中，如图 4-48 所示。

斜接连接 　　　　　　　　 圆角连接 　　　　　　　　 斜面连接

图 4-48

　　在"描边"面板中，"对齐描边"是指在路径的内部、中间、外部设置描边，包括"描边对齐中心"、"描边居内"和"描边居外"3 种样式。分别选择这 3 种样式应用到选择的描边中，如图 4-49 所示。

描边对齐中心 　　　　　　　　 描边居内 　　　　　　　　 描边居外

图 4-49

　　在"描边"面板"类型"选项的下拉列表框中可以选择不同的描边类型，如图 4-50 所示。在"起始处/结束处"选项的下拉列表框中可以分别选择线段的首端和尾端的形状样式，如图 4-51 所示。

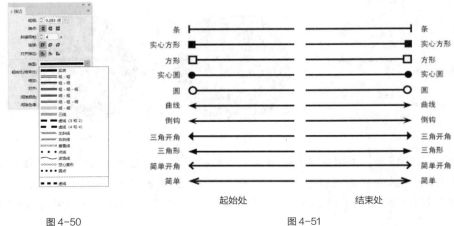

图 4-50 　　　　　　　　　　　　　　 图 4-51

"互换起始处和结束处箭头"按钮 ⇄ 可以互换起始箭头和终点箭头。选择曲线，如图 4-52 所示。在"描边"面板中单击"互换起始处和结束处箭头"按钮 ⇄，如图 4-53 所示，效果如图 4-54 所示。

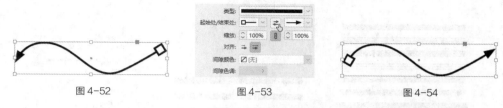

图 4-52   图 4-53   图 4-54

在"描边"面板的"缩放"选项中，左侧的是"箭头起始处的缩放因子"按钮 ↕ 100%，右侧的是"箭头结束处的缩放因子"按钮 ↕ 100%，设置需要的数值，可以按比例缩放曲线的起始箭头和结束箭头的大小。选择要缩放的曲线，如图 4-55 所示。单击"箭头起始处的缩放因子"按钮 ↕ 100%，将"箭头起始处的缩放因子"设置为 200%，如图 4-56 所示，效果如图 4-57 所示。单击"箭头结束处的缩放因子"按钮 ↕ 100%，将"箭头结束处的缩放因子"设置为 200%，效果如图 4-58 所示。

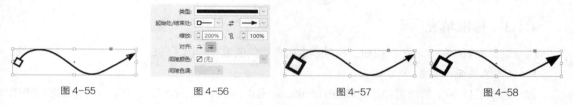

图 4-55   图 4-56   图 4-57   图 4-58

单击"缩放"选项右侧的"链接箭头起始处和结束处缩放"按钮 ⅋，可以同时改变起始箭头和结束箭头的大小。

在"描边"面板的"对齐"选项中，左侧的是"将箭头提示扩展到路径终点外"按钮 ⇥，右侧的是"将箭头提示放置于路径终点处"按钮 ⇥，这两个按钮分别可以设置箭头在终点以外和箭头在终点处。选择曲线，单击"将箭头提示扩展到路径终点外"按钮 ⇥，箭头在终点外显示，如图 4-59 所示；单击"将箭头提示放置于路径终点处"按钮 ⇥，箭头在终点处显示，如图 4-60 所示。

图 4-59   图 4-60

在"描边"面板中，"间隙颜色"选项是设置除实线以外其他类型线段间隙之间的颜色，如图 4-61 所示，间隙颜色的多少由"色板"面板中的颜色决定。"间隙色调"选项设置所填充间隙颜色的饱和度，如图 4-62 所示。

在"描边"面板"类型"选项的下拉列表框中选择"虚线"选项，"描边"面板下方会自动弹出虚线选项，可以创建描边的虚线效果。虚线选项中包括 6 个文本框，如图 4-63 所示，第 1 个文本框默认的虚线值为 12 点。

"虚线"选项用来设置每一条虚线段的长度。文本框中输入的数值越大，虚线段的长度就越长；反之，输入的数值越小，虚线段的长度就越短。

"间隔"选项用来设置虚线段之间的距离。输入的数值越大，虚线段之间的距离越大；反之，输入的数值越小，虚线段之间的距离就越小。

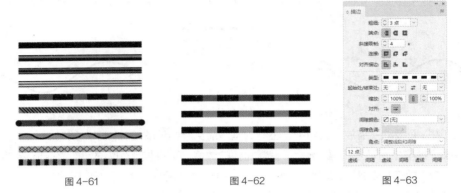

图 4-61　　　　　　　　图 4-62　　　　　　　　图 4-63

"角点"选项用来设置虚线中拐点的调整方法，其中包括"无""调整线段""调整间隙""调整线段和间隙"4 种调整方法。

4.1.3　标准填充

应用工具面板中的"填色"按钮，可以指定所选对象的填充颜色。

1. 使用工具面板填充

选择选择工具 ，选择需要填充颜色的图形，如图 4-64 所示。双击工具箱下方的"填充"按钮，弹出"拾色器"对话框，调配所需的颜色，如图 4-65 所示。单击"确定"按钮，对象的颜色填充效果如图 4-66 所示。

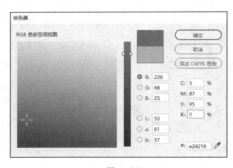

图 4-64　　　　　　　　图 4-65　　　　　　　　图 4-66

2. 使用"颜色"面板填充

在 InDesign CC 2019 中，也可以通过"颜色"面板设置对象的填充颜色。单击"颜色"面板右上方的 按钮，在弹出的菜单中选择当前取色时使用的颜色模式。无论选择哪一种颜色模式，面板中都将显示相关的颜色内容，如图 4-67 所示。

选择"窗口 > 颜色 > 颜色"命令，弹出"颜色"面板。"颜色"面板上的 按钮用来进行填充颜色和描边颜色之间的互相切换操作，操作方法与工具箱中 按钮的使用方法相同。

将鼠标指针移动到取色区域，鼠标指针变为吸管形状，单击可以选择颜色，如图 4-68 所示。拖曳各个颜色滑块或在各个文本框中输入有效的数值，可以调配出更精确的颜色。

图 4-67

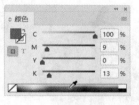
图 4-68

更改或设置对象的颜色时，单击选择已有的对象，在"颜色"面板中调配出新颜色，如图 4-69 所示。新选的颜色将被应用到当前选择的对象中，如图 4-70 所示。

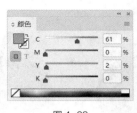
图 4-69

图 4-70

3．使用"色板"面板填充

选择"窗口 > 颜色 > 色板"命令，弹出"色板"面板，如图 4-71 所示。在"色板"面板中单击需要的颜色，可以用其填充选择的图形。

选择选择工具 ▶，选择需要填充颜色的图形，如图 4-72 所示。在"色板"面板中单击面板右上方的 ≡ 按钮，在弹出的菜单中选择"新建颜色色板"命令，弹出"新建颜色色板"对话框，选项设置如图 4-73 所示。单击"确定"按钮，对象的填充效果如图 4-74 所示。

图 4-71

图 4-72

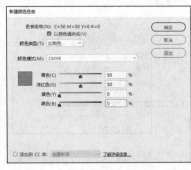
图 4-73

图 4-74

在"色板"面板中单击并拖曳需要的颜色到要填充颜色的路径或图形上，松开鼠标左键，也可以为图形或描边填充颜色。

4.1.4　渐变填充

1．创建渐变填充

选择需要的图形，如图 4-75 所示。选择渐变色板工具 ▦，在图形中需要的位置单击设置渐变的起点并按住鼠标左键拖曳，松开鼠标左键确定渐变的终点，如图 4-76 所示，渐变填充的效果如图 4-77 所示。

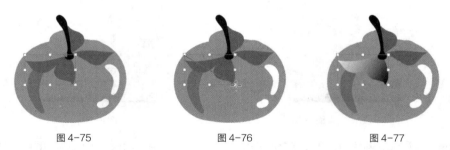

图 4-75　　　　　　　　　图 4-76　　　　　　　　　图 4-77

　　选择需要的图形，如图 4-78 所示。选择渐变羽化工具 ，在图形中需要的位置单击设置渐变的起点并按住鼠标左键拖曳，松开鼠标左键确定渐变的终点，如图 4-79 所示，渐变羽化的效果如图 4-80 所示。

图 4-78　　　　　　　　　图 4-79　　　　　　　　　图 4-80

2.　"渐变"面板

　　在"渐变"面板中可以设置渐变参数，可选择"线性"渐变或"径向"渐变，设置渐变的起始、中间和终止颜色，还可以设置渐变的位置和角度。

　　选择"窗口 > 颜色 > 渐变"命令，弹出"渐变"面板，如图 4-81 所示。从"类型"选项的下拉列表框中可以选择"线性"或"径向"渐变方式，如图 4-82 所示。

　　　　　　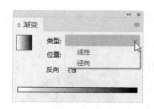

图 4-81　　　　　　　　　　　　　　　图 4-82

　　在"角度"选项的文本框中显示当前的渐变角度，如图 4-83 所示。重新输入数值，如图 4-84 所示，按 Enter 键，可以改变渐变的角度，效果如图 4-85 所示。

图 4-83　　　　　　　　　图 4-84　　　　　　　　　图 4-85

单击"渐变"面板下面的颜色滑块,在"位置"选项的文本框中显示出该滑块在渐变颜色中的颜色位置百分比,如图 4-86 所示。拖曳该滑块改变该颜色的位置,将改变颜色的渐变梯度,如图 4-87 所示。

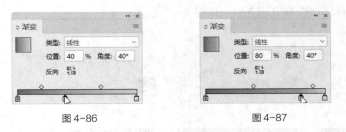

图 4-86   图 4-87

单击"渐变"面板中的"反向渐变"按钮，可将色谱条中的渐变反向,如图 4-88 所示。

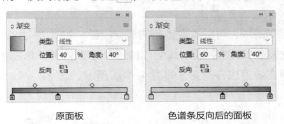

原面板   色谱条反向后的面板

图 4-88

在渐变色谱条底边单击,可以添加一个颜色滑块,如图 4-89 所示。在"颜色"面板中调配颜色,如图 4-90 所示,可以改变所添加滑块的颜色,如图 4-91 所示。按住颜色滑块不放并将其拖曳到"渐变"面板外,可以直接删除颜色滑块。

图 4-89   图 4-90   图 4-91

3.渐变填充的样式

选择需要的图形,如图 4-92 所示。双击渐变色板工具或选择"窗口 > 颜色 > 渐变"命令,弹出"渐变"面板。在"渐变"面板的色谱条中,显示程序默认的是白色到黑色的线性渐变样式,如图 4-93 所示。在"渐变"面板"类型"选项的下拉列表框中选择"线性"渐变,如图 4-94 所示,图形将被线性渐变填充,效果如图 4-95 所示。

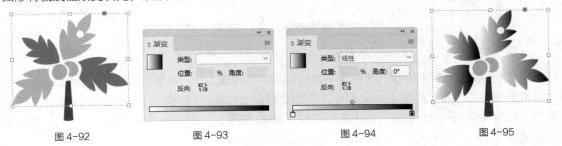

图 4-92   图 4-93   图 4-94   图 4-95

单击"渐变"面板中的起始颜色滑块△，如图 4-96 所示，然后在"颜色"面板中调配所需的颜色，设置渐变的起始颜色。单击终止颜色滑块△，如图 4-97 所示，设置渐变的终止颜色，效果如图 4-98 所示。图形的线性渐变填充效果如图 4-99 所示。

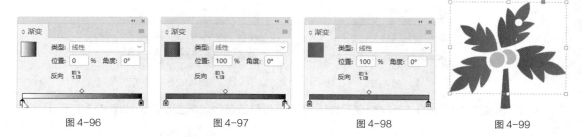

图 4-96　　　　　　图 4-97　　　　　　图 4-98　　　　　　图 4-99

拖曳色谱条上边的控制滑块，可以改变颜色的渐变位置，如图 4-100 所示，这时"位置"选项文本框中的数值也会随之发生变化。同样，设置"位置"选项文本框中的数值也可以改变颜色的渐变位置，图形的线性渐变填充效果也将改变，如图 4-101 所示。

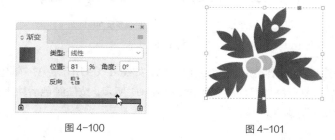

图 4-100　　　　　　　　图 4-101

如果要改变颜色渐变的方向，可选择渐变色板工具▣直接在图形中拖曳。当需要精确地改变渐变方向时，可通过"渐变"面板中的"角度"选项来控制图形的渐变方向。

选择绘制好的图形，如图 4-102 所示。双击渐变色板工具▣或选择"窗口 > 颜色 > 渐变"命令，弹出"渐变"面板。在"渐变"面板的色谱条中显示程序默认的是白色到黑色的线性渐变样式，如图 4-103 所示。在"渐变"面板的"类型"选项下拉列表框中选择"径向"渐变，如图 4-104 所示，图形将被径向渐变填充，效果如图 4-105 所示。

图 4-102　　　　　图 4-103　　　　　图 4-104　　　　　图 4-105

单击"渐变"面板中的起始颜色滑块△或终止颜色滑块△，在"颜色"面板中调配颜色，可改变图形的渐变颜色，效果如图 4-106 所示。拖曳色谱条上边的控制滑块，可以改变颜色的中心渐变位置，效果如图 4-107 所示。使用渐变色板工具▣拖曳，可改变径向渐变的中心位置，效果如图 4-108 所示。

图 4-106

图 4-107

图 4-108

4.1.5 "色板"面板

选择"窗口 > 颜色 > 色板"命令,弹出"色板"面板,如图 4-109 所示。"色板"面板提供了多种颜色,并且允许添加和存储自定义的色板。单击"将选定色板添加到我的当前 CC 库"按钮  ,可以将颜色主题中的色板添加到 CC 库中;单击"显示全部色板"按钮 ，可以使所有的色板显示出来;单击"显示颜色色板"按钮 ，仅显示颜色色板;单击"显示渐变色板"按钮 ，仅显示渐变色板;单击"显示颜色组"按钮 ，仅显示颜色组;单击"新建颜色组"按钮 ，可以新建一个颜色组;单击"新建色板"按钮 ，可以定义和新建一个色板;单击"删除选定的色板/组"按钮 ，可以将选择的色板或颜色组从"色板"面板中删除。

图 4-109

1. 添加色板

选择"窗口 > 颜色 > 色板"命令,弹出"色板"面板,单击面板右上方的 ≡ 按钮,在弹出的菜单中选择"新建颜色色板"命令,弹出"新建颜色色板"对话框,如图 4-110 所示。在"颜色类型"下拉列表框中选择新建的颜色是"印刷色"还是"专色";"颜色模式"选项用来定义颜色的模式;可以拖曳滑块来改变色值,也可以在滑块右侧的文本框中直接输入数值,如图 4-111 所示。

图 4-110

图 4-111

勾选"以颜色值命名"复选框,添加的色板将以改变的色值命名;若不勾选该复选框,可直接在"色板名称"选项的文本框中输入新色板的名称,如图 4-112 所示。单击"添加"按钮,可以添加色板并定义另一个色板,定义完成后,单击"确定"按钮即可,选择的颜色会出现在"色板"面板和工具箱的填充框或描边框中。

选择"窗口 > 颜色 > 色板"命令,弹出"色板"面板,单击面板右上方的 ≡ 按钮,在弹出的菜单中选择"新建渐变色板"命令，弹出"新建渐变色板"对话框，如图 4-113 所示。

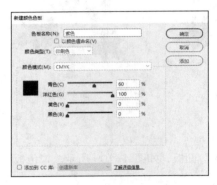

图 4-112　　　　　　　　　　　　　　　图 4-113

　　在"渐变曲线"的色谱条上单击起始颜色滑块 或终止颜色滑块 ，拖曳滑块或在滑块右侧的文本框中直接输入数值即可改变渐变颜色，如图 4-114 所示。单击色谱条也可以添加颜色滑块并设置颜色，如图 4-115 所示，在"色板名称"选项的文本框中输入新色板的名称。单击"添加"按钮，可以添加色板并定义另一个色板，定义完成后，单击"确定"按钮即可，选择的渐变会出现在"色板"面板和工具箱的填充框或描边框中。

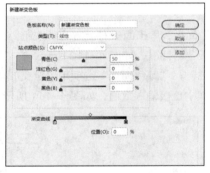

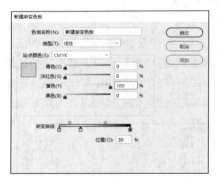

图 4-114　　　　　　　　　　　　　　　图 4-115

　　选择"窗口 > 颜色 > 颜色"命令，弹出"颜色"面板，拖曳各个颜色滑块或在各个文本框中输入需要的数值，如图 4-116 所示。单击面板右上方的 按钮，在弹出的菜单中选择"添加到色板"命令，如图 4-117 所示，在"色板"面板中将自动生成新的色板，如图 4-118 所示。

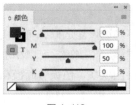
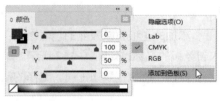

图 4-116　　　　　　　　　　图 4-117　　　　　　　　　　图 4-118

2．复制色板

选择一个色板，如图 4-119 所示。单击面板右上方的 ≡ 按钮，在弹出的菜单中选择"复制色板"命令，"色板"面板中将生成色板的副本，如图 4-120 所示。

图 4-119   图 4-120

选择一个色板，单击面板下方的"新建色板"按钮 ▼ 或拖曳色板到"新建色板"按钮 ▼ 上，均可复制色板。

3．编辑色板

在"色板"面板中选择一个色板，双击该色板，可弹出"色板选项"对话框。在对话框中进行设置后，单击"确定"按钮即可编辑色板。

单击面板右上方的 ≡ 按钮，在弹出的菜单中选择"色板选项"命令也可以编辑色板。

4．删除色板

在"色板"面板中选择一个或多个色板，在"色板"面板下方单击"删除选定的色板/组"按钮 🗑 或将色板直接拖曳到"删除选定的色板/组"按钮 🗑 上，即可删除色板。

单击面板右上方的 ≡ 按钮，在弹出的菜单中选择"删除色板"命令也可以删除色板。

4.1.6 创建和更改色调

1．通过"色板"面板添加新的色调色板

在"色板"面板中选择一个色板，如图 4-121 所示。在"色板"面板"色调"选项处拖曳滑块或在"色调"文本框中输入需要的数值，如图 4-122 所示。单击面板下方的"新建色板"按钮 ▼，将在面板中生成以基准颜色的名称加色调的百分比为名称的色板，如图 4-123 所示。

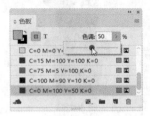

图 4-121   图 4-122   图 4-123

在"色板"面板中选择一个色板，在"色板"面板"色调"选项处拖曳滑块到适当的位置，单击面板右上方的 ≡ 按钮，在弹出的菜单中选择"新建色调色板"命令也可以添加新的色调色板。

2．通过"颜色"面板添加新的色调色板

在"色板"面板中选择一个色板，如图 4-124 所示。在"颜色"面板中拖曳滑块或在百分比文本框中输入需要的数值，如图 4-125 所示。单击面板右上方的 ≡ 按钮，在弹出的菜单中选择"添加到色板"命令，如图 4-126 所示。将在"色板"面板中自动生成新的色调色板，如图 4-127 所示。

图 4-124 图 4-125

图 4-126 图 4-127

4.1.7 在对象之间复制属性

使用吸管工具可以将一个图形对象的属性（如描边、颜色、透明属性等）复制给另一个图形对象，从而快速、准确地编辑属性相同的图形对象。

选择选择工具 ，选择需要的图形，如图 4-128 所示，选择吸管工具 ，将鼠标指针放置在被复制属性的图形上，如图 4-129 所示。单击复制图形的属性，选择的图形属性发生改变，效果如图 4-130 所示。

当使用吸管工具 复制对象属性后，按住 Alt 键吸管会转变方向并显示为空吸管，表示可以去复制新的属性。继续按住 Alt 键单击新的对象，效果如图 4-131 所示，复制新对象的属性。松开鼠标左键和 Alt 键，效果如图 4-132 所示。

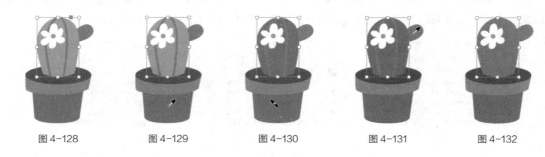

图 4-128 图 4-129 图 4-130 图 4-131 图 4-132

4.2 "效果"面板

在 InDesign CC 2019 中，使用"效果"面板可以制作出多种不同的特殊效果。下面具体介绍"效果"面板的使用方法和编辑技巧。

4.2.1 课堂案例——制作时尚卡片

案例学习目标

学习使用"效果"面板、"投影"命令制作时尚卡片。

案例知识要点

使用"置入"命令、选择工具裁切图片，使用矩形工具、"效果"面板和"贴入内部"命令制作卡片条纹，使用"投影"命令为条纹添加投影效果。时尚卡片效果如图 4-133 所示。

效果所在位置

云盘 > Ch04 > 效果 > 制作时尚卡片.indd。

图 4-133

（1）选择"文件 > 新建 > 文档"命令，弹出"新建文档"对话框，相关设置如图 4-134 所示。单击"边距和分栏"按钮，弹出"新建边距和分栏"对话框，相关设置如图 4-135 所示，单击"确定"按钮，新建一个页面。选择"视图 > 其他 > 隐藏框架边缘"命令，将所绘制图形的框架边缘隐藏。

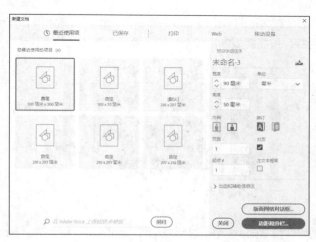

图 4-134

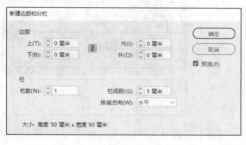

图 4-135

（2）选择"文件 > 置入"命令，弹出"置入"窗口，选择云盘中的"Ch04 > 素材 > 制作时尚

卡片 ＞ 01"文件，单击"打开"按钮，在页面空白处单击置入图片。选择自由变换工具，将图片拖曳到适当的位置并调整其大小，效果如图 4-136 所示。

（3）保持图片选择状态，选择选择工具，选择限位框上边中间的控制手柄，并将其向下拖曳到适当的位置，裁剪图片，效果如图 4-137 所示。

图 4-136   图 4-137

（4）使用上述方法对图片下边进行裁切，效果如图 4-138 所示。选择矩形工具，在适当的位置绘制一个矩形，设置图形填充色的 CMYK 值为 52、0、0、0，填充图形，并设置描边色为无，效果如图 4-139 所示。

图 4-138   图 4-139

（5）选择选择工具，按住 Alt+Shift 组合键水平向右拖曳矩形到适当的位置，复制矩形，效果如图 4-140 所示。连续按 Ctrl+Alt+4 组合键，按需要复制出多个矩形，效果如图 4-141 所示。

图 4-140   图 4-141

（6）用框选的方法将所绘制的图形同时选择，按 Ctrl+G 组合键将其编组，如图 4-142 所示。选择"窗口 ＞ 效果"命令，弹出"效果"面板，将"不透明度"选项设置为 60%，其他选项的设置如图 4-143 所示。按 Enter 键，效果如图 4-144 所示。

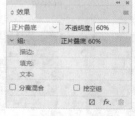

图 4-142   图 4-143   图 4-144

（7）单击控制面板中的"向选定的目标添加对象效果"按钮 fx ，在弹出的菜单中选择"投影"命令，弹出"效果"对话框，选项的设置如图 4-145 所示。单击"确定"按钮，效果如图 4-146 所示。

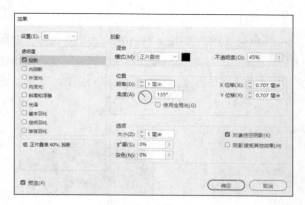

图 4-145   图 4-146

（8）在控制面板中将"旋转角度" $△ ⌄ 0°$ 选项设置为 15° ，按 Enter 键，效果如图 4-147 所示。按 Ctrl+X 组合键，将图形剪切到剪贴板中。选择矩形框架工具 $⊠$ ，在适当的位置绘制一个矩形框架，如图 4-148 所示。

图 4-147   图 4-148

（9）选择选择工具 ▶ ，选择"编辑 > 贴入内部"命令，将剪贴板上的图形贴入矩形框架的内部，效果如图 4-149 所示。选择文字工具 T ，在适当的位置拖曳出一个文本框架，输入需要的文本。选择输入的文本，在控制面板中选择合适的字体并设置文字大小，填充文本为白色，效果如图 4-150 所示。至此，时尚卡片制作完成。

图 4-149

图 4-150

4.2.2 透明度

选择选择工具 ，选择需要的图形对象，如图 4-151 所示。选择"窗口 > 效果"命令，或按 Ctrl+Shift+F10 组合键，弹出"效果"面板。在"不透明度"选项中拖曳滑块或在百分比文本框中输入需要的数值，如 50%，"组：正常"选项的百分比自动显示为设置的数值，如图 4-152 所示。此时，对象的不透明度效果如图 4-153 所示。

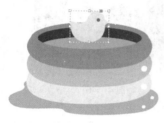

图 4-151

图 4-152

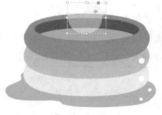

图 4-153

单击"描边：正常"选项，在"不透明度"选项中拖曳滑块或在百分比文本框中输入需要的数值，如 50%，"描边：正常"选项的百分比自动显示为设置的数值，如图 4-154 所示。此时，对象描边的不透明度效果如图 4-155 所示。

图 4-154

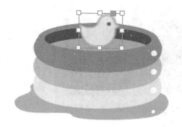

图 4-155

单击"填充：正常"选项，在"不透明度"选项中拖曳滑块或在百分比文本框中输入需要的数值，如 50%，"填充：正常"选项的百分比自动显示为设置的数值，如图 4-156 所示。此时，对象填充的不透明度效果如图 4-157 所示。

图 4-156

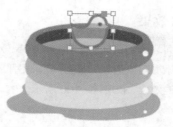

图 4-157

4.2.3　混合模式

使用"混合模式"选项可以在两个重叠对象间混合颜色，更改上层对象与底层对象间颜色的混合方式。使用混合模式制作出的效果如图 4-158 所示。

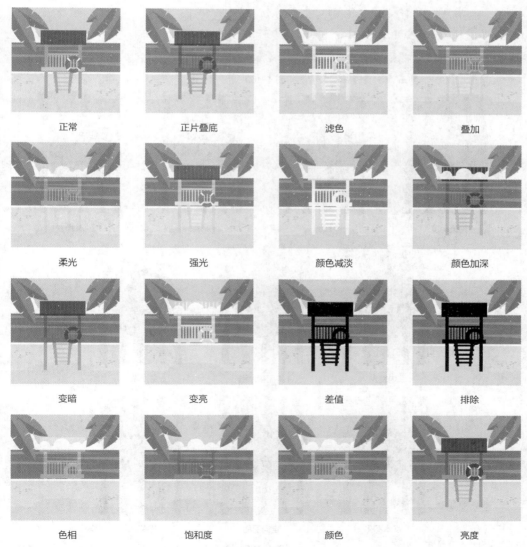

图 4-158

4.2.4 特殊效果

特殊效果用于向选择的目标添加特殊的对象效果，使图形对象产生变化。单击"效果"面板下方的"向选定的目标添加对象效果"按钮 fx，在弹出的菜单中选择需要的命令，如图 4-159 所示，以此为对象添加不同的效果，如图 4-160 所示。

图 4-159

图 4-160

4.2.5 清除效果

选择应用效果的图形，在"效果"面板中单击"清除所有效果并使对象变为不透明"按钮 ，清除对象应用的所有效果。选择"对象 > 效果 > 清除效果"命令或单击"效果"面板右上方的 ≡ 按钮，在弹出的菜单中选择"清除效果"命令，可以清除图形对象的特殊效果；选择"清除全部透明度"命令，可以清除图形对象应用的所有效果。

课堂练习——绘制电话图标

课堂练习
绘制电话图标

扫码观看
绘制电话图标

课后习题——绘制小丑头像

课后习题
绘制小丑头像

扫码观看
绘制小丑头像

05

第5章
编辑文本

本章介绍

　　本章主要介绍 InDesign CC 2019 的文本处理和编辑功能。通过本章的学习，读者可以掌握在 InDesign CC 2019 中处理文本的方法和技巧，以便在排版工作中快速处理文本。

课堂学习目标

- ✔ 掌握编辑文本及文本框架的方法
- ✔ 掌握使用文本效果的技巧

5.1 编辑文本及文本框架

在 InDesign CC 2019 中，所有的文本都位于文本框架内，通过编辑文本及文本框架可以快捷地排版。下面具体介绍编辑文本及文本框架的用法和技巧。

5.1.1 课堂案例——制作家具宣传册内页

案例学习目标

学习使用文字工具、串接文本框架编辑文本。

案例知识要点

使用"置入"命令置入图片，使用文字工具创建文本框架并输入需要的文本，使用"段落"面板编辑文本。家具内页效果如图 5-1 所示。

效果所在位置

云盘 > Ch05 > 效果 > 制作家具宣传册内页.indd。

扫码观看
制作家具宣传册
内页

图 5-1

（1）选择"文件 > 新建 > 文档"命令，弹出"新建文档"对话框，相关设置如图 5-2 所示。单击"边距和分栏"按钮，弹出"新建边距和分栏"对话框，相关设置如图 5-3 所示，单击"确定"按钮，新建一个页面。选择"视图 > 其他 > 隐藏框架边缘"命令，将所绘制图形的框架边缘隐藏。

（2）选择"文件 > 置入"命令，弹出"置入"窗口，选择云盘中的"Ch05 > 素材 > 制作家具宣传册内页 > 01"文件，单击"打开"按钮，在页面空白处单击置入图片。选择自由变换工具，将图片拖曳到适当的位置并调整其大小，选择选择工具，裁剪图片，效果如图 5-4 所示。

（3）选择矩形工具，分别在适当的位置拖曳鼠标指针绘制矩形，如图 5-5 所示。选择选择工具，将所绘制的矩形同时选择，设置图形填充色的 CMYK 值为 100、15、0、0，填充图形，并设置描边色为无，效果如图 5-6 所示。

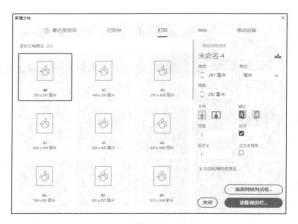

图 5-2　　　　　　　　　　　　　　　　　　　　图 5-3

图 5-4　　　　　　　　　　　图 5-5　　　　　　　　　　　图 5-6

（4）选择选择工具 ▶ ，在上方标尺上单击并向下拖曳鼠标指针，出现一条水平参考线，在控制面板中将"Y"轴选项设置为 156 毫米，如图 5-7 所示。按 Enter 键确定操作，效果如图 5-8 所示。

图 5-7　　　　　　　　　　　　　　　　　　图 5-8

（5）按 Ctrl+O 组合键，打开云盘中的"Ch05 > 素材 > 制作家具宣传册内页 > 02"文件，按 Ctrl+A 组合键，将其全选。按 Ctrl+C 组合键，复制选择的图像。返回到正在编辑的页面中，按 Ctrl+V 组合键，将复制的图像粘贴到页面中，并将其拖曳到适当的位置，效果如图 5-9 所示。

（6）选择并复制记事本文档中需要的文本。返回到 InDesign 页面中，选择文字工具 T ，在适当的位置拖曳出一个文本框架，将复制的文本粘贴到文本框架中，选择文本框架中的文本，在控制面板中选择合适的字体并设置文字大小，效果如图 5-10 所示。选择文本"简欧风"，在控制面板中选择合适的字体，取消文本选择状态，效果如图 5-11 所示。

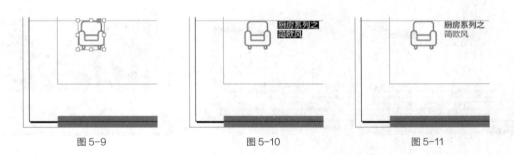

图 5-9　　　　　　　　　　图 5-10　　　　　　　　　　图 5-11

（7）选择并复制记事本文档中需要的文本。返回到 InDesign 页面中，选择文字工具 T ，在适当的位置拖曳出一个文本框架，将复制的文本粘贴到文本框架中，选择文本框架中的文本，在控制面板中选择合适的字体并设置文字大小，效果如图 5-12 所示。在控制面板中将"行距" （14.4 点） 选项设置为 11 点，按 Enter 键，效果如图 5-13 所示。

图 5-12　　　　　　　　　　　　　　　　图 5-13

（8）保持文本的选择状态。按 Ctrl+Alt+T 组合键，弹出"段落"面板，选项的设置如图 5-14 所示，按 Enter 键，效果如图 5-15 所示。

图 5-14

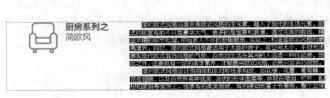

图 5-15

（9）选择选择工具 ▶ ，选择文本，单击文本框架的出口，如图 5-16 所示。当鼠标指针变为载入文本符 时，移动到适当的位置，如图 5-17 所示，拖曳鼠标，文本自动排入框中，效果如图 5-18 所示。在页面空白处单击，取消文本选择状态，家具宣传册内页制作完成，效果如图 5-19 所示。

图 5-16　　　　　　　　　　　　　　　　图 5-17

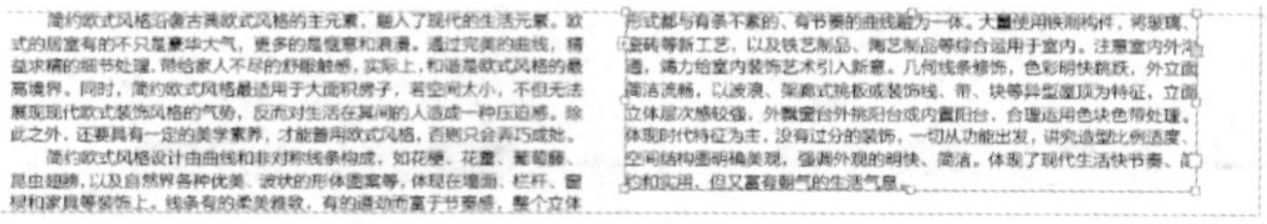

图 5-18　　　　　　　　　　　　　　　　　　　　图 5-19

5.1.2　使用文本框架

1.　创建文本框架

选择文字工具 **T**，在页面中适当的位置单击并按住鼠标左键不放，拖曳出一个文本框架，如图 5-20 所示。松开鼠标左键，文本框架中会出现光标，如图 5-21 所示。在拖曳时按住 Shift 键，可以拖曳出一个正方形的文本框架，如图 5-22 所示。

图 5-20　　　　　　　　　图 5-21　　　　　　　　　图 5-22

2.　移动和缩放文本框架

选择选择工具 ▶，直接拖曳文本框架至需要的位置。

选择文字工具 **T**，按住 Ctrl 键将鼠标指针置于已有的文本框架中，鼠标指针变为选择工具 ▶，如图 5-23 所示。按住鼠标左键并拖曳文本框架至适当的位置，如图 5-24 所示。松开鼠标左键和 Ctrl 键，被移动的文本框架处于选择状态，如图 5-25 所示。

图 5-23　　　　　　　　　图 5-24　　　　　　　　　图 5-25

在文本框架中编辑文本时，也可按住 Ctrl 键移动文本框架。用这个方法移动文本框架可以不用切换工具，也不会丢失当前的文本插入点或选择的文本。

选择选择工具 ▶，选择需要的文本框架，拖曳文本框架中的任意控制手柄可缩放文本框架。

选择文字工具 **T**，按住 Ctrl 键将鼠标指针置于要缩放的文本上，将自动显示该段文本的文本框架，如图 5-26 所示。拖曳文本框架上的控制手柄到适当的位置，如图 5-27 所示，可以缩放文本框架，效果如图 5-28 所示。

<table>
<tr><td>图 5-26</td><td>图 5-27</td><td>图 5-28</td></tr>
</table>

选择选择工具 ▶，选择需要的文本框架，按住 Ctrl 键或选择缩放工具 ⬚，可缩放文本框架及文本框架中的文本。

5.1.3　添加文本

1．输入文本

选择文字工具 T，在页面中适当的位置拖曳鼠标指针创建文本框架，当松开鼠标左键时，文本框架中会出现光标，直接输入文本即可。

选择选择工具 ▶ 或选择直接选择工具 ▷，在已有的文本框架内双击，文本框架中会出现光标，直接输入文本即可。

2．粘贴文本

可以从 InDesign 文档或其他应用程序中粘贴文本。当从其他程序中粘贴文本时，选择"编辑 > 首选项 > 剪贴板处理"命令，设置弹出的对话框中的选项，可以决定 InDesign 是否保留原来的格式，以及是否将用于文本格式的任意样式都添加到"段落样式"面板中。

3．置入文本

选择"文件 > 置入"命令，弹出"置入"窗口，在窗口中选择要置入的文件所在的位置并单击文件名，如图 5-29 所示。单击"打开"按钮，在适当的位置拖曳鼠标指针置入文本，效果如图 5-30 所示。

在"置入"窗口中，各复选框的功能如下。

勾选"显示导入选项"复选框，显示包含所置入文件类型的"导入选项"对话框。单击"打开"按钮，弹出"导入选项"对话框，设置需要的选项，单击"确定"按钮，即可置入文本。

勾选"替换所选项目"复选框，置入的文本将替换当前所选文本框架的内容。单击"打开"按钮，可置入用于替换所有项目的文本。

勾选"应用网格格式"复选框，置入的文本将自动嵌套在网格中。单击"打开"按钮，可置入嵌套于网格中的文本。

勾选"创建静态题注"复选框，置入图片时会自动生成题注。

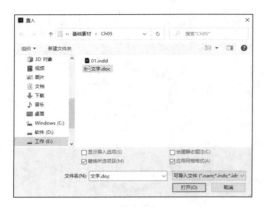

图 5-29　　　　　　　　　　　　　　　　　　图 5-30

如果没有指定接收文本框架，鼠标指针会变为载入文本符，单击或拖曳可置入文本。

4．使框架适合文本

选择选择工具，选择需要的文本框架，如图 5-31 所示。选择"对象 > 适合 > 使框架适合内容"命令，可以使文本框架适合文本，效果如图 5-32 所示。

图 5-31　　　　　　　　图 5-32

如果文本框架中有溢出文本，可以使用"使框架适合内容"命令自动扩展文本框架的底部来适应文本内容。如果文本框架是串接的一部分，则不能使用此命令扩展文本框架。

5.1.4　串接文本框架

文本框架中的文本可以独立于其他的文本框架，或是在相互连接的文本框架中流动。相互连接的文本框架可以在同一个页面或跨页，也可以在不同的页面。文本串接是指在文本框架之间连接文本的过程。

选择"视图 > 其他 > 显示文本串接"命令，选择选择工具，选择任意文本框架，显示文本串接，如图 5-33 所示。

1．创建串接文本框架

选择选择工具，选择需要的文本框架，如图 5-34 所示。单击它的出口调出载入文本符，在文档中适当的位置拖曳出新的文本框

文本串接

入口——"一半是女人，一半　　　串接到前一框架的入口
文本框架——是饰品，加起来才是　　们为之顾盼不——文本
　　　　真正美丽的女人"。　　　已，为之钦羡，
那不经意间展示的时　　为之追棒模仿，
尚饰品，吸引了我　　这就是时尚饰——溢出文本出口
们更多的视线，让我

串接到下一框架的出口

图 5-33

架，如图 5-35 所示。松开鼠标左键，创建串接文本框架，溢出的文本自动流入新创建的文本框架中，

效果如图 5-36 所示。

图 5-34

图 5-35

图 5-36

选择选择工具 ，将鼠标指针置于要创建串接的文本框架的出口，如图 5-37 所示。单击调出载入文本符 ，将其置于要连接的文本框架之上，载入文本符变为串接文本符 ，如图 5-38 所示。单击创建两个文本框架的串接，效果如图 5-39 所示。

图 5-37

图 5-38

图 5-39

2. 取消文本框架串接

选择选择工具 ，单击一个与其他文本框架串接的文本框架的出口（或入口），如图 5-40 所示。出现载入文本符 后，将其置于文本框架内，使其显示为解除串接文本符 ，如图 5-41 所示。单击该文本框架，取消文本框架之间的串接，效果如图 5-42 所示。

图 5-40

图 5-41

图 5-42

选择选择工具 ，选择一个串接文本框架，双击该文本框架的出口，可取消文本框架之间的串接。

3. 手动或自动排文

在置入文本或是单击文本框架的出入口后，当鼠标指针变为载入文本符 时就可以在页面上排文了。当载入文本符位于辅助线或网格的捕捉点时，黑色的鼠标指针变为白色的载入文本符。

选择选择工具，单击文本框架的出口，鼠标指针会变为载入文本符，将其拖曳到适当的位置，如图 5-43 所示。单击创建一个与栏宽等宽的文本框架，文本自动排入框中，效果如图 5-44 所示。

图 5-43　　　　　　　　　　　　图 5-44

选择选择工具，单击文本框架的出口，如图 5-45 所示。鼠标指针会变为载入文本符，按住 Alt 键，鼠标指针会变为半自动排文符，将其拖曳到适当的位置，如图 5-46 所示。单击创建一个与栏宽等宽的文本框架，文本自动排入框中，如图 5-47 所示。不要松开 Alt 键，继续在适当的位置单击，可置入溢出的文本，效果如图 5-48 所示，松开 Alt 键后，鼠标指针会自动变为载入文本符。

图 5-45　　　　　　　图 5-46　　　　　　　图 5-47　　　　　　　图 5-48

选择选择工具，单击文本框架的出口，鼠标指针会变为载入文本符，按住 Shift 键，鼠标指针会变为自动排文符，将其拖曳到适当的位置，如图 5-49 所示。单击自动创建与栏宽等宽的多个文本框架，效果如图 5-50 所示。若文本超出文档页面，将自动新建文档页面，直到所有的文本都排入文档中。

提示

　　在单击进行自动排文时，当鼠标指针变为载入文本符后，按住 Shift+Alt 组合键，鼠标指针会变为固定页面自动排文符；在页面中单击排文时，将所有文本都自动排列到当前页面中，但不添加页面，任何剩余的文本都将成为溢出文本。

图 5-49

图 5-50

5.1.5　设置文本框架属性

选择选择工具 ，选择一个文本框架，如图 5-51 所示。选择"对象 > 文本框架选项"命令，弹出"文本框架选项"对话框，设置需要的选项，如图 5-52 所示，单击"确定"按钮，可改变文本框架属性，效果如图 5-53 所示。

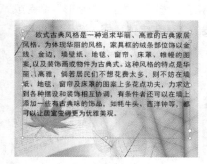

图 5-51

图 5-52

图 5-53

"文本框架选项"对话框中的主要选项功能如下。

● "列数"选项组：用于设置固定的数字、宽度和弹性宽度，其中的"栏数""栏间距""宽度"和"最大值"选项分别用于设置文本框架的分栏数、间距、栏宽和宽度最大值。

● "平衡栏"复选框：勾选此复选框，可以使分栏后文本框架中的文本保持平衡。

● "内边距"选项组：用于设置文本框架上、下、左、右边距的偏离值。

● "垂直对齐"选项组：其中的"对齐"下拉列表框用于设置文本框架与文本的对齐方式，在其下拉列表框中包括"上""居中""下"和"两端对齐"选项。

5.1.6　编辑文本

1. 选择文本

选择文字工具 ，在文本框架中按住鼠标左键拖曳选择需要的文本。

选择文字工具 **T**，在文本框架中单击插入光标，双击可选择在任意标点符号间的文本，如图 5-54 所示；三击可选择一行文本，如图 5-55 所示；四击可选择整个段落，如图 5-56 所示；五击可选取整篇文章，如图 5-57 所示。

图 5-54　　　　　　　　图 5-55　　　　　　　　图 5-56　　　　　　　　图 5-57

选择文字工具 **T**，在文本框架中单击插入光标，选择"编辑 > 全选"命令，可选择文章中的所有文本。

选择文字工具 **T**，在文档窗口或是粘贴板的空白区域单击，可取消文本的选择状态。

单击选择工具 或选择"编辑 > 全部取消选取"命令，可取消文本的选择状态。

2．插入字形

选择文字工具 **T**，在文本框架中单击插入光标，如图 5-58 所示。选择"文字 > 字形"命令或按 Alt+Shift+F11 组合键，弹出"字形"面板。在面板中设置需要的字体和字体风格，选择需要的字形，如图 5-59 所示。双击所选字形将其插入文本中，效果如图 5-60 所示。

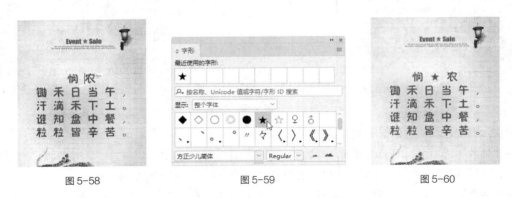

图 5-58　　　　　　　　　图 5-59　　　　　　　　　图 5-60

5.1.7　随文框

1．创建随文框

选择选择工具 ，选择需要的图片，如图 5-61 所示，按 Ctrl+X 组合键（或按 Ctrl+C 组合键）剪切（或复制）图形。选择文字工具 **T**，在文本框架中单击插入光标，如图 5-62 所示。按 Ctrl+V 组合键，创建随文框，效果如图 5-63 所示。

选择文字工具 **T**，在文本框架中单击插入光标，如图 5-64 所示。选择"文件 > 置入"命令，在弹出的窗口中选择要置入的图形文件，单击"打开"按钮，创建随文框，效果如图 5-65 所示。

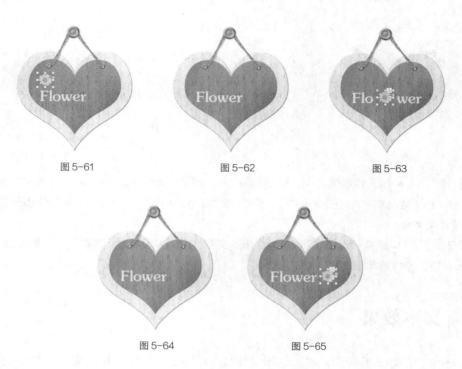

图 5-61　　　　　　　　　　图 5-62　　　　　　　　　　图 5-63

图 5-64　　　　　　　　　　图 5-65

提示
　　随文框将框贴入或置入文本，或是将字符转换为外框；随文框可以包含文本或图形，可以用文字工具选择。

2．移动随文框

选择文字工具 T，选择需要移动的随文框，如图 5-66 所示。在控制面板中的"基线偏移"数值框 △ ⊙ 0点 中输入需要的数值，如图 5-67 所示。取消随文框的选择状态，随文框的移动效果如图 5-68 所示。

图 5-66　　　　　　　　　　图 5-67　　　　　　　　　　图 5-68

选择文字工具 T，选择需要移动的随文框，如图 5-69 所示。在控制面板中的"字符间距"选项 ✓ ⊙ 0 ✓ 中输入需要的数值，如图 5-70 所示。取消随文框的选择状态，随文框的移动效果如图 5-71 所示。

| 图 5-69 | 图 5-70 | 图 5-71 |

选择选择工具 ▶ 或直接选择工具 ▷ ，选择随文框，沿着与基线垂直的方向向上（或向下）拖曳，可移动随文框。但不能沿水平方向拖曳随文框，也不能将框底拖曳至基线以上或是将框顶拖曳至基线以下。

3. 清除随文框

选择选择工具 ▶ 或直接选择工具 ▷ ，选择随文框，选择"编辑 ＞ 清除"命令或按 Delete 键、Backspace 键，均可清除随文框。

5.2 文本效果

InDesign CC 2019 提供了多种方法制作文本效果，包括文本绕排、路径文字和从文本创建路径。下面具体介绍制作文本效果的方法和技巧。

5.2.1 课堂案例——制作蔬菜卡

案例学习目标

学习使用文字工具、"文本绕排"面板和路径文字工具制作蔬菜卡。

案例知识要点

使用"置入"命令置入图片，使用椭圆工具和路径文字工具制作路径文字，使用"文本绕排"面板制作图文绕排效果。蔬菜卡效果如图 5-72 所示。

效果所在位置

云盘 ＞ Ch05 ＞ 效果 ＞ 制作蔬菜卡.indd。

图 5-72

（1）选择"文件 > 新建 > 文档"命令，弹出"新建文档"对话框，相关设置如图 5-73 所示。单击"边距和分栏"按钮，弹出"新建边距和分栏"对话框，相关设置如图 5-74 所示，单击"确定"按钮，新建一个页面。选择"视图 > 其他 > 隐藏框架边缘"命令，将所绘制图形的框架边缘隐藏。

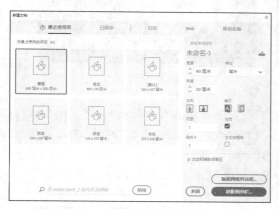

图 5-73   图 5-74

（2）选择"文件 > 置入"命令，弹出"置入"窗口，选择云盘中的"Ch05 > 素材 > 制作蔬菜卡 > 01、02"文件，单击"打开"按钮，在页面空白处分别单击置入图片。选择自由变换工具，分别将图片拖曳到适当的位置并调整其大小，效果如图 5-75 所示。选择椭圆工具，按住 Shift 键在适当的位置拖曳鼠标指针绘制一个圆形，如图 5-76 所示。

图 5-75   图 5-76

（3）选择路径文字工具，将鼠标指针移动到路径边缘，当鼠标指针变为时，如图 5-77 所示，单击在路径上插入光标，输入需要的文本，如图 5-78 所示。选择输入的文本，在控制面板中选择合适的字体并设置文字大小，填充文本为白色，效果如图 5-79 所示。选择选择工具，选择路径，设置描边色为无，效果如图 5-80 所示。

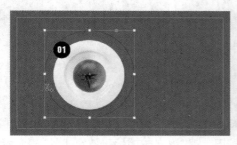

图 5-77   图 5-78

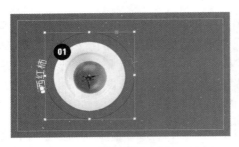

图 5-79

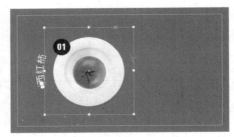

图 5-80

（4）选择并复制记事本文档中需要的文本，返回到 InDesign 页面中，选择文字工具 **T**，在适当的位置拖曳出一个文本框架，将复制的文本粘贴到文本框架中，选择文本框架中的文本，在控制面板中选择合适的字体并设置文字大小，效果如图 5-81 所示。在控制面板中将"行距" 墳 ◇ (14.4 点) ∨ 选项设置为 12 点，按 Enter 键，填充文本为白色，取消文本选择状态，效果如图 5-82 所示。

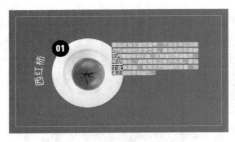

图 5-81

图 5-82

（5）选择选择工具 ▶，选择路径，选择"窗口 > 文本绕排"命令，弹出"文本绕排"面板，单击"沿对象形状绕排"按钮 ■，其他选项设置如图 5-83 所示，按 Enter 键，绕排效果如图 5-84 所示。蔬菜卡制作完成，效果如图 5-85 所示。

图 5-83

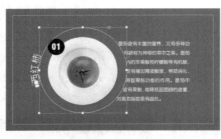

图 5-84

图 5-85

5.2.2 文本绕排

1. "文本绕排"面板

选择选择工具 ▶，选择需要的图片，如图 5-86 所示。选择"窗口 > 文本绕排"命令，弹出"文本绕排"面板，如图 5-87 所示。单击需要的绕排按钮，制作出的文本绕排效果如图 5-88 所示。

图 5-86 　　　　　　　　　　　　　　　　图 5-87

沿定界框绕排

沿对象形状绕排

上下型绕排

下型绕排

图 5-88

　　在绕排位移文本框中输入正值，绕排将远离边缘；若输入负值，绕排边界将位于框架边缘内部。

2. 沿对象形状绕排

　　当单击"沿对象形状绕排"按钮 ■ 时，"轮廓选项"选项被激活，可对绕排轮廓的"类型"进行选择。这种绕排形式通常针对置入的图形来绕排文本。

　　选择选择工具 ▶ ，选择置入的图形，如图 5-89 所示。在"文本绕排"面板中单击"沿对象形状绕排"按钮 ■ ，在"类型"下拉列表框中选择需要的选项，如图 5-90 所示，文本绕排效果如图 5-91 所示。

图 5-89

图 5-90

定界框

检测边缘

Alpha 通道

图形框架

与剪切路径相同

图 5-91

勾选"包含内边缘"复选框，如图 5-92 所示，使文本显示在置入图形的内边缘，效果如图 5-93 所示。

图 5-92

图 5-93

3．反转文本绕排

选择选择工具 ，选择一个绕排对象，如图 5-94 所示。在"文本绕排"面板中设置需要的选项，勾选"反转"复选框，如图 5-95 所示，效果如图 5-96 所示。

图 5-94　　　　　　　　　　图 5-95　　　　　　　　　　图 5-96

4．改变文本绕排的形状

选择直接选择工具 ，选择一个绕排对象，如图 5-97 所示。使用钢笔工具 在路径上添加锚点，按住 Ctrl 键单击选择需要的锚点，如图 5-98 所示。将选择的锚点拖曳至需要的位置，如图 5-99 所示。用相同的方法将其他需要的锚点拖曳到适当的位置，改变文本绕排的形状，效果如图 5-100 所示。

图 5-97　　　　　　　　　　图 5-98

图 5-99　　　　　　　　　　图 5-100

提示　　InDesign CC 2019 提供了多种文本绕排的形式，应用好文本绕排功能可以使设计制作的版面更加美观。

5.2.3　路径文字

使用路径文字工具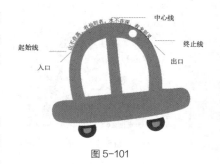和垂直路径文字工具，可以在创建文本时将文本沿着一个开放或封闭路径的边缘进行水平或垂直方向排列，路径可以是规则或不规则的。路径文字和其他文本框架一样有入口和出口，如图 5-101 所示。

图 5-101

1．创建路径文字

选择钢笔工具，绘制一条路径，如图 5-102 所示。选择路径文字工具，将鼠标指针定位于路径上方，鼠标指针变为，如图 5-103 所示。在路径上单击插入光标，如图 5-104 所示。输入需要的文本，效果如图 5-105 所示。

图 5-102

图 5-103

图 5-104

图 5-105

提示　　若路径是有描边的，在添加文字之后会保留描边；要隐藏路径，用选择工具或是直接选择工具选择路径，将填充和描边颜色都设置为无即可。

2．编辑路径文字

选择选择工具，选择路径文字，如图 5-106 所示。将鼠标指针置于路径文字的起始线（或终止线）处，直到鼠标指针变为，拖曳起始线（或终止线）至需要的位置，如图 5-107 所示。松开鼠标左键，改变路径文字的起始线位置，而终止线位置保持不变，效果如图 5-108 所示。

图 5-106

图 5-107

图 5-108

选择选择工具 ▶，选择路径文字，如图 5-109 所示。选择"文字 > 路径文字 > 选项"命令，弹出"路径文字选项"对话框，如图 5-110 所示。

图 5-109   图 5-110

在"效果"下拉列表框中选择不同的选项可设置不同的效果，如图 5-111 所示。

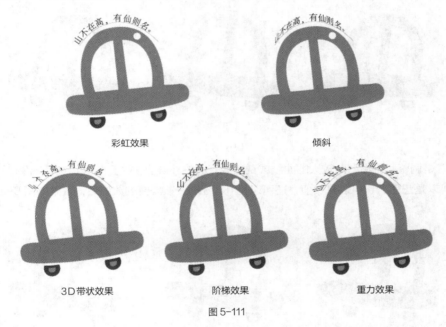

图 5-111

"效果"选项不变（以"彩虹效果"选项为例），在"对齐"下拉列表框中选择不同的对齐方式，效果如图 5-112 所示。

图 5-112

| 表意字框上方 | 表意字框下方 | 基线 |

图 5-112（续）

"对齐"选项不变（以"基线"选项为例），可以在"到路径"选项中设置"上""下"或"居中"3 种对齐参照，如图 5-113 所示。

| 上 | 下 | 居中 |

图 5-113

"间距"是调整字符沿弯曲较大的曲线或锐角散开时的补偿值，对于直线上的字符没有作用。"间距"选项可以是正值，也可以是负值，还可以是 0。分别设置需要的数值后，效果如图 5-114 所示。

| 0 | 负值 | 正值 |

图 5-114

选择选择工具 ▶ ，选择路径文字，如图 5-115 所示。将鼠标指针置于路径文字的中心线处，直到鼠标指针变为 ▶₊，拖曳中心线至内部，如图 5-116 所示。松开鼠标左键，效果如图 5-117 所示。

| 图 5-115 | 图 5-116 | 图 5-117 |

选择"文字 > 路径文字 > 选项"命令，弹出"路径文字选项"对话框，勾选"翻转"复选框，可将文本翻转。

5.2.4 从文本创建路径

在 InDesign CC 2019 中，将文本转化为轮廓后，可以像对其他图形对象一样对文本进行编辑和操作。通过这种方式，可以创建多种特殊文本效果。

1. 将文本转为路径

选择直接选择工具，选择需要的文本框架，如图 5-118 所示。选择"文字 > 创建轮廓"命令，或按 Ctrl+Shift+O 组合键，文本会转为路径，效果如图 5-119 所示。

选择文字工具，选择需要的一个或多个字符，如图 5-120 所示。选择"文字 > 创建轮廓"命令，或按 Ctrl+Shift+O 组合键，字符会转为路径，选择直接选择工具，选择转化后的文本，效果如图 5-121 所示。

图 5-118

图 5-119

图 5-120

图 5-121

2. 创建文本外框

选择直接选择工具，选择转化后的文本，如图 5-122 所示。拖曳需要的锚点到适当的位置，如图 5-123 所示，可创建不规则的文本外框。

图 5-122

图 5-123

选择选择工具，选择一张置入的图片，如图 5-124 所示。按 Ctrl+X 组合键，将其剪切。选择选择工具，选择转换为轮廓的文本，如图 5-125 所示。选择"编辑 > 贴入内部"命令，将图片贴入转化后的文本中，效果如图 5-126 所示。

选择选择工具，选择转化为轮廓的文本，如图 5-127 所示。选择文字工具，将鼠标指针置于路径内部并单击插入光标，如图 5-128 所示。输入需要的文本，效果如图 5-129 所示。取消填充后的效果如图 5-130 所示。

图 5-124

图 5-125

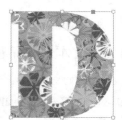

图 5-126

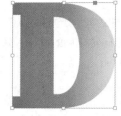

图 5-127

图 5-128

图 5-129

图 5-130

课堂练习——制作糕点宣传单

课后习题——制作糕点宣传单内页

06

第 6 章
处理图像

本章介绍

InDesign CC 2019 支持多种图像格式，并可与多种应用软件协同工作。通过本章的学习，读者可以掌握图像的置入方法，熟练应用"链接"面板和"库"面板来管理图像文件。

课堂学习目标

✔ 掌握置入图像的方法
✔ 掌握管理链接和嵌入图像的技巧

6.1　置入图像

在 InDesign CC 2019 中，可以通过"置入"命令将图形图像置入 InDesign 的页面中，再通过编辑命令对置入的图形图像进行处理。

6.1.1　课堂案例——制作茶叶海报

案例学习目标

学习使用置入命令添加图片素材。

案例知识要点

使用置入命令、效果面板和贴入内部命令制作背景效果；使用文本工具添加宣传文本。茶叶海报效果如图 6-1 所示。

效果所在位置

云盘 > Ch06 > 效果 > 制作茶叶海报.indd。

图 6-1

（1）选择"文件 > 新建 > 文档"命令，弹出"新建文档"对话框，相关设置如图 6-2 所示。单击"边距和分栏"按钮，弹出"新建边距和分栏"对话框，相关设置如图 6-3 所示，单击"确定"按钮，新建一个页面。选择"视图 > 其他 > 隐藏框架边缘"命令，将所绘制图形的框架边缘隐藏。

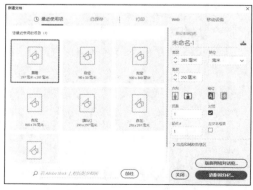

图 6-2

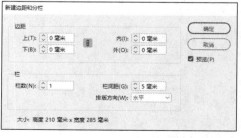

图 6-3

（2）选择矩形工具 ▦，在页面中绘制一个矩形，如图 6-4 所示。设置填充色的 CMYK 值为 0、11、25、0，填充图形，并设置描边色为无，效果如图 6-5 所示。

（3）选择"文件 > 置入"命令，弹出"置入"窗口，选择云盘中的"Ch06 > 素材 > 制作茶叶海报 > 01"文件，单击"打开"按钮，在页面空白处单击置入图片。选择自由变换工具 ▦，将图片拖曳到适当的位置并调整其大小，效果如图 6-6 所示。

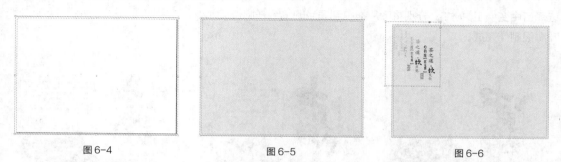

图 6-4   图 6-5   图 6-6

（4）选择选择工具 ▶，选择文本图片，按住 Alt 键拖曳图片到适当的位置，拖曳两次，从而复制出两张图片，调整其大小后效果如图 6-7 所示。

（5）按住 Shift 键将 3 张文本图片同时选择，如图 6-8 所示。选择"窗口 > 效果"命令，弹出"效果"面板，将"不透明度"选项设置为 8%，如图 6-9 所示，按 Enter 键，效果如图 6-10 所示。按 Ctrl+G 组合键选择图片编组，按 Ctrl+X 组合键剪切图片，选择下方的底图并单击鼠标右键，在弹出的快捷菜单中选择"贴入内部"命令，将文本图片贴入底图内部，效果如图 6-11 所示。

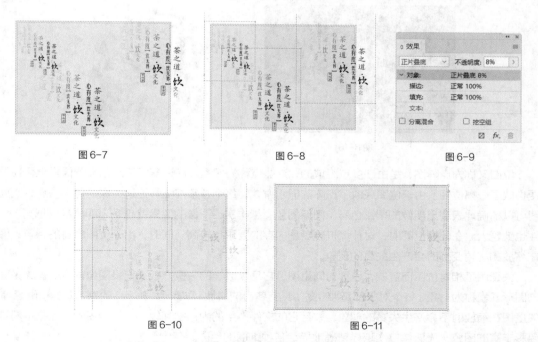

图 6-7   图 6-8   图 6-9

图 6-10   图 6-11

（6）选择"文件 > 置入"命令，弹出"置入"窗口，选择云盘中的"Ch06 > 素材 > 制作茶叶海报 > 02~04"文件，单击"打开"按钮，在页面空白处分别单击置入图片。选择自由变换工具 ▦，分别将图片拖曳到适当的位置，调整其大小，并调整图片混合模式，效果如图 6-12 所示。

（7）选择文字工具 **T**，在适当的位置拖曳出一个文本框架，输入需要的文本并选择文本，在控制面板中选择合适的字体和文字大小，将"行距"选项 (14.4 点) 设置为 14 点，效果如图 6-13 所示。

（8）取消文字的选取状态。选择"文件 > 置入"命令，弹出"置入"窗口，选择云盘中的"Ch06 > 素材 > 制作茶叶海报 > 05"文件，单击"打开"按钮，在页面空白处分别单击置入图片。选择自由变换工具 ，分别将图片拖曳到适当的位置并调整其大小，效果如图 6-14 所示。至此，茶叶海报制作完成。

图 6-12   图 6-13   图 6-14

6.1.2　位图和矢量图

在计算机中，图像大致可以分为两种：位图和矢量图。位图效果如图 6-15 所示，矢量图效果如图 6-16 所示。

图 6-15   图 6-16

位图又称为点阵图，是由许多点组成的，这些点称为像素。许许多多不同色彩的像素组合在一起便构成了一幅位图。由于位图采取了点阵的显示方式，每个像素都能够记录图像的色彩信息，因此位图可以精确地表现出图像的丰富色彩。图像的色彩越丰富，图像的像素就越多（即分辨率越高），文件也就越大。在处理位图时，对计算机硬盘和内存的要求也较高。同时，由于位图本身的特点，图像在缩放和旋转变形时会产生失真的现象。

矢量图是相对位图而言的，也称为向量图，它是以数学的矢量方式来记录图像内容的。矢量图中的图形元素称为对象，每个对象都是独立的，具有各自的属性（如颜色、形状、轮廓、大小和位置等）。矢量图在缩放时不会产生失真的现象，并且它的文件占用的内存空间较小。矢量图的缺点是不易制作色彩丰富的图像，无法像位图那样精确地描绘各种绚丽的色彩。

这两种类型的图像各具特色，也各有优缺点，并且两者之间具有良好的互补性。因此，在图像处理和绘制的过程中，将这两种图像交互使用，取长补短，能使创作出来的作品更加完美。

6.1.3　置入图像

"置入"命令是将图像置入 InDesign 的主要方法，因为它可以在分辨率、文件格式、多页面 PDF 和颜色方面提供最高级别的支持。如果对所创建文档中的这些特性并不十分注重，则可以通过复制和粘贴操作将图像置入 InDesign 中。

1. 置入图像

确保在页面区域中未选择任何内容，如图 6-17 所示，选择"文件 > 置入"命令，弹出"置入"窗口，在弹出的窗口中选择需要的文件，如图 6-18 所示。单击"打开"按钮，在页面中单击置入图像，效果如图 6-19 所示。

图 6-17　　　　　　　　　　　　　图 6-18　　　　　　　　　　　　　图 6-19

选择选择工具　，在页面区域中选择图框，如图 6-20 所示。选择"文件 > 置入"命令，弹出"置入"窗口，在窗口中选择需要的文件，如图 6-21 所示。单击"打开"按钮，在页面中单击置入图像，效果如图 6-22 所示。

图 6-20　　　　　　　　　　　　　图 6-21　　　　　　　　　　　　　图 6-22

选择选择工具　，在页面区域中选择图像，如图 6-23 所示。选择"文件 > 置入"命令，弹出"置入"窗口，在窗口中选择需要的文件，在窗口下方勾选"替换所选项目"复选框，如图 6-24 所示。单击"打开"按钮，在页面中单击置入图像，效果如图 6-25 所示。

2. 复制和粘贴图像

在 InDesign 或其他程序中选择原始小鱼图形，如图 6-26 所示。选择"编辑 > 复制"命令复制图形，切换到 InDesign 文档窗口，选择"编辑 > 粘贴"命令，粘贴图形，效果如图 6-27 所示。

图 6-23

图 6-24

图 6-25

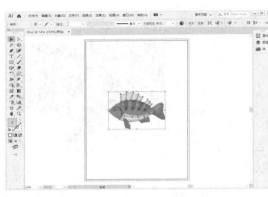
图 6-26

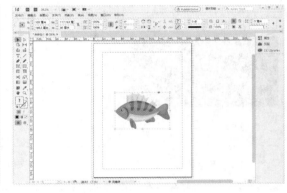
图 6-27

3. 拖放图像

选择选择工具，选择需要的小鱼图形，按住鼠标左键将其拖曳到打开的 InDesign 文档窗口中，如图 6-28 所示。松开鼠标左键，效果如图 6-29 所示。

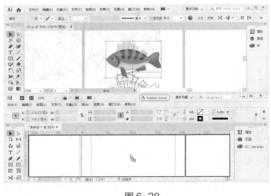
图 6-28

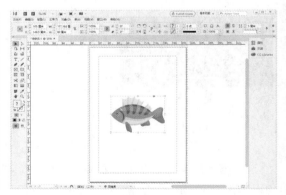
图 6-29

> **提示**　在 Windows 中，如果尝试从不支持拖放操作的应用程序中拖曳项目，鼠标指针将显示"禁止"图标。

6.2　管理链接和嵌入图像

在 InDesign CC 2019 中，置入一个图像有两种形式：链接图像和嵌入图像。当以链接图像的形式置入一个图像时，它的原始文件并没有真正复制到文档中，而是为原始文件创建一个链接（或称文件路径）。当嵌入图像文件时，会增加文档的大小并断开指向原始文件的链接。

6.2.1　认识"链接"面板

所有置入的文件都会被列在"链接"面板中。选择"窗口 > 链接"命令，弹出"链接"面板，如图 6-30 所示。

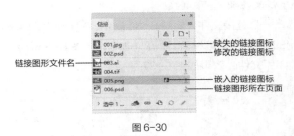

图 6-30

"链接"面板中链接文件显示状态的含义如下。

- 最新：最新的文件只显示文件的名称和它在文档中所处的页面。
- 修改：修改的文件后面会显示 ⚠，意味着磁盘上的文件版本比文档中的版本新。
- 缺失：丢失的文件后面会显示 ❓，表示图形不再位于置入时的位置，但仍存在于某个地方；如果在显示此图标的状态下打印或导出文档，则文档可能无法以全分辨率打印或导出。
- 嵌入：嵌入的文件后面显示 ▲，嵌入链接文件会导致该链接的管理操作暂停。

6.2.2　使用"链接"面板

1. 选择并将链接的图像调入文档窗口中

在"链接"面板中选择一个链接文件，如图 6-31 所示。单击"转到链接"按钮 🔄，或单击面板右上方的 ≡ 按钮，在弹出的菜单中选择"转到链接"命令，如图 6-32 所示。选择并将链接的图像调入活动的文档窗口中，效果如图 6-33 所示。

图 6-31

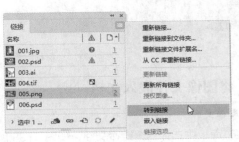

图 6-32

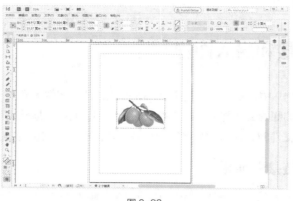

图 6-33

2. 在原始应用程序中修改链接

在"链接"面板中选择一个链接文件，如图 6-34 所示。单击"编辑原稿"按钮 ✏，或单击面板右上方的 ☰ 按钮，在弹出的菜单中选择"编辑原稿"命令，如图 6-35 所示。打开并编辑原文件，如图 6-36 所示。保存并关闭原文件，效果如图 6-37 所示。

图 6-34

图 6-35

图 6-36

图 6-37

6.2.3 将图像文件嵌入文档

1. 嵌入图像文件

在"链接"面板中选择一个链接文件，如图 6-38 所示。单击面板右上方的 ☰ 按钮，在弹出的菜单中选择"嵌入链接"命令，如图 6-39 所示。文件名保留在"链接"面板中，并显示嵌入链接图标，如图 6-40 所示。

图 6-38　　　　　　　　　　　图 6-39　　　　　　　　　　　图 6-40

　如果置入的位图小于或等于 48KB，InDesign CC 2019 将自动嵌入图像。如果图像
没有链接，那么当原始文件发生更改时，"链接"面板不会发出警告，并且无法自动更新
相应文件。

2．解除嵌入

在"链接"面板中选择一个嵌入的链接文件，如图 6-41 所示。单击面板右上方的 ≡ 按钮，在弹出的菜单中选择"取消嵌入链接"命令，弹出图 6-42 所示的对话框。单击"是"按钮，将其链接至原文件，"链接"面板如图 6-43 所示；单击"否"按钮，将弹出"浏览文件夹"对话框，选择需要的文件链接。

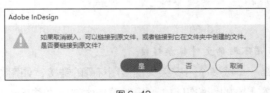

图 6-41　　　　　　　　　　　图 6-42　　　　　　　　　　　图 6-43

6.2.4　更新、恢复和替换链接

1．更新修改过的链接

在"链接"面板中选择一个或多个带有修改链接图标 ⚠ 的链接，如图 6-44 所示。单击面板下方的"更新链接"按钮 🔄，或单击面板右上方的 ≡ 按钮，在弹出的菜单中选择"更新链接"命令，如图 6-45 所示。更新选择的链接后，"链接"面板如图 6-46 所示。

2．一次更改所有修改过的链接

在"链接"面板中按住 Ctrl 键选择需要的链接，如图 6-47 所示。单击面板下方的"更新链接"按钮 🔄，如图 6-48 所示。更新所有修改过的链接，效果如图 6-49 所示。

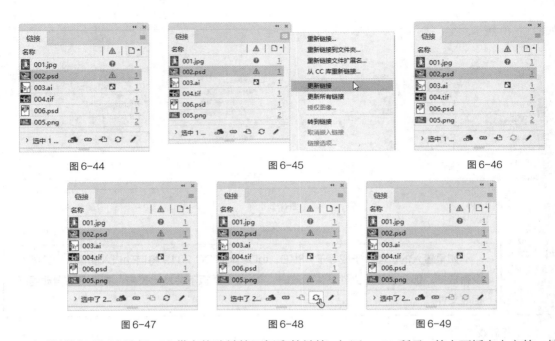

图 6-44　　　　　　　　　图 6-45　　　　　　　　　图 6-46

图 6-47　　　　　　　　　图 6-48　　　　　　　　　图 6-49

在"链接"面板中选择一个带有修改链接图标🔺的链接，如图 6-50 所示。单击面板右上方的 ≡ 按钮，在弹出的菜单中选择"更新所有链接"命令，更新所有修改过的链接，效果如图 6-51 所示。

图 6-50　　　　　　　　　　图 6-51

3．恢复丢失的链接或用不同的文件替换链接

在"链接"面板中选择一个或多个带有丢失链接图标❓的链接，如图 6-52 所示。单击"重新链接"按钮 🔗，或单击面板右上方的 ≡ 按钮，在弹出的菜单中选择"重新链接"命令，如图 6-53 所示，弹出"定位"对话框。选择要重新链接的文件，单击"打开"按钮，文件重新链接后，"链接"面板如图 6-54 所示。

图 6-52　　　　　　　　　图 6-53　　　　　　　　　图 6-54

在"链接"面板中选择任意链接，如图 6-55 所示。单击"重新链接"按钮 ∞，或单击面板右上方的 ≡ 按钮，在弹出的菜单中选择"重新链接"命令，如图 6-56 所示。弹出"重新链接"对话框。选择要重新链接的文件，单击"打开"按钮，文件重新链接后，"链接"面板如图 6-57 所示。

图 6-55 　　　　　　　　　　　图 6-56 　　　　　　　　　　　图 6-57

> 提示

　　如果所有缺失文件位于相同的文件夹中，则可以一次恢复所有缺失文件；首先选择所有缺失的链接（或不选择任何链接），然后恢复其中的一个链接，其余所有的缺失链接将自动恢复。

课堂练习——制作照片模板

课后习题——制作新年卡片

07

第 7 章
版式编排

本章介绍

　　在 InDesign CC 2019 中，可以便捷地设置字符的格式和段落的样式。通过本章的学习，读者可以了解如何格式化字符和段落，如何设置项目符号，以及如何使用定位符，并能熟练掌握"字符样式"和"段落样式"面板的操作，为今后快捷地进行版式编排打下坚实的基础。

课堂学习目标

- ✔ 熟练掌握字符格式的控制方法
- ✔ 熟练掌握段落格式的控制技巧
- ✔ 掌握对齐文本的方法
- ✔ 了解字符样式和段落样式的设置技巧

<table>
<tr><td>**7.1**</td><td>**字符格式控制**</td></tr>
</table>

在 InDesign CC 2019 中，可以通过控制面板和"字符"面板设置字符的格式。这些格式包括字体、字号、颜色、字符间距等。

选择"文字"工具 **T**，其控制面板如图 7-1 所示。

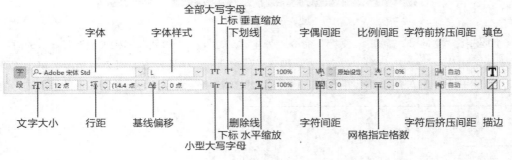

图 7-1

选择"窗口 > 文字和表 > 字符"命令或按 Ctrl+T 组合键，弹出"字符"面板，如图 7-2 所示。

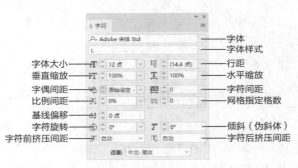

图 7-2

7.1.1 课堂案例——制作女装 Banner

案例学习目标

学习使用文字工具和"字符"面板制作女装 Banner。

案例知识要点

使用"置入"命令置入素材图片，使用文本工具、"字符"面板、"X 切变角度"选项添加宣传文本，使用椭圆工具、文字工具、直线工具和"旋转角度"选项制作包邮标签。安装 Banner 效果如图 7-3 所示。

效果所在位置

云盘 > Ch07 > 效果 > 制作女装 Banner.indd。

图 7-3

（1）选择"文件 > 新建 > 文档"命令，弹出"新建文档"对话框，相关设置如图 7-4 所示。单击"边距和分栏"按钮，弹出"新建边距和分栏"对话框，相关设置如图 7-5 所示，单击"确定"按钮，新建一个页面。选择"视图 > 其他 > 隐藏框架边缘"命令，将所绘制图形的框架边缘隐藏。

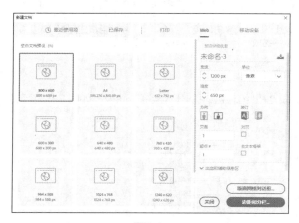

图 7-4

图 7-5

（2）选择"文件 > 置入"命令，弹出"置入"窗口，选择云盘中的"Ch07 > 素材 > 制作女装Banner > 01、02"文件，单击"打开"按钮，在页面空白处分别单击置入图片。选择自由变换工具，分别将图片拖曳到适当的位置，效果如图 7-6 所示。按 Ctrl+A 组合键全选图片，按 Ctrl+L 组合键将其锁定。

（3）选择文字工具 T，分别在适当的位置拖曳出文本框架，输入需要的文本并选择文本，在控制面板中分别选择合适的字体并设置文字大小，填充文本为白色，效果如图 7-7 所示。

图 7-6

图 7-7

（4）选择文字工具 T，选择文本"夏季风尚节"。按 Ctrl+T 组合键，弹出"字符"面板。将"字符间距" 选项设置为-75，如图 7-8 所示。按 Enter 键，效果如图 7-9 所示。

图 7-8　　　　　　　　　　　　　　　　图 7-9

（5）选择文字工具 T，选择数字 "8"，在 "字符" 面板中选择合适的字体并设置文字大小，如图 7-10 所示。按 Enter 键，效果如图 7-11 所示。

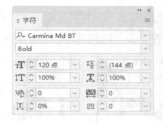

图 7-10　　　　　　　　　　　　　　　图 7-11

（6）选择文字工具 T，在数字 "8" 左侧单击插入光标，如图 7-12 所示。在 "字符" 面板中，将 "字偶间距" 选项设置为-100，如图 7-13 所示。按 Enter 键，效果如图 7-14 所示。用相同的方法在数字 "8" 右侧插入光标，设置字偶间距，效果如图 7-15 所示。

图 7-12　　　　　　　　　　　　　　　图 7-13

图 7-14　　　　　　　　　　　　　　　图 7-15

（7）选择选择工具，按住 Shift 键依次单击需要的文本将其同时选择，如图 7-16 所示。在控制面板中将 "X 切变角度" 选项设置为 10°，按 Enter 键，效果如图 7-17 所示。

图 7-16　　　　　　　　　　　　　　　图 7-17

（8）选择椭圆工具 ，按住 Shift 键在适当的位置拖曳鼠标指针绘制一个圆形，填充图形为白色，并设置描边色为无，效果如图 7-18 所示。选择文字工具 T，分别在适当的位置拖曳出文本框架，输入需要的文本并选择文本，在控制面板中分别选择合适的字体并设置文字大小，效果如图 7-19 所示。

（9）选择选择工具 ▶，按住 Shift 键将输入的文本同时选择，单击工具箱中的"格式针对文本"按钮 T，设置文本填充色的 RGB 值为 20、52、147，填充文本，效果如图 7-20 所示。

图 7-18　　　　　　　　　图 7-19　　　　　　　　　图 7-20

（10）选择文字工具 T，选择文本"包邮"，在控制面板中将"字符间距" 选项设置为-160，按 Enter 键，效果如图 7-21 所示。

（11）选择直线工具 ╱，按住 Shift 键在适当的位置拖曳鼠标指针绘制一条直线。在控制面板中将"描边粗细" 选项设置为 0.75 点，按 Enter 键，设置描边色的 RGB 值为 20、52、147，填充描边，效果如图 7-22 所示。

（12）选择选择工具 ▶，按住 Alt+Shift 组合键水平向右拖曳直线到适当的位置，复制直线，效果如图 7-23 所示。用框选的方法将所绘制的图形全部选择，在控制面板中将"旋转角度" 选项设置为 7.5°，按 Enter 键，效果如图 7-24 所示。

图 7-21　　　　　　　图 7-22　　　　　　　图 7-23　　　　　　　图 7-24

（13）选择文字工具 T，在适当的位置拖曳出一个文本框架，输入需要的文本。选择输入的文本，在控制面板中选择合适的字体并设置文字大小，填充文本为白色，效果如图 7-25 所示。

（14）在"字符"面板中，将"行距"  选项设置为 18 点，其他选项的设置如图 7-26 所示。按 Enter 键，效果如图 7-27 所示。在页面空白处单击，取消文本选择状态，女装 Banner 制作完成，效果如图 7-28 所示。

图 7-25

图 7-26

图 7-27

图 7-28

7.1.2 字体

字体是版式编排中基础又重要的一部分，下面具体介绍设置字体和复合字体的方法和技巧。

1. 设置字体

选择文字工具 T，选择要更改的文本，如图 7-29 所示。在控制面板中单击"字体"选项右侧的 ✓ 按钮，在弹出的下拉列表中选择一种样式，如图 7-30 所示。改变字体，取消文本的选择状态，效果如图 7-31 所示。

图 7-29   图 7-30   图 7-31

选择文字工具 T，选择要更改的文本，如图 7-32 所示。选择"窗口 > 文字和表 > 字符"命令，或按 Ctrl+T 组合键，弹出"字符"面板。单击"字体"选项右侧的 ✓ 按钮，从弹出的下拉列表中选择一种需要的字体样式，如图 7-33 所示。取消文本的选择状态，文本效果如图 7-34 所示。

图 7-32　　　　　　　　　　　　图 7-33　　　　　　　　　　　　图 7-34

选择文字工具 T ，选择要更改的文本，如图 7-35 所示。选择"文字 > 字体"命令，在弹出的子菜单中选择一种需要的字体，如图 7-36 所示，效果如图 7-37 所示。

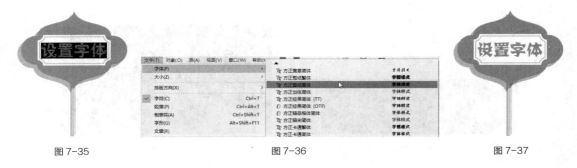

图 7-35　　　　　　　　　　　　图 7-36　　　　　　　　　　　　图 7-37

2. 设置复合字体

选择"文字 > 复合字体"命令，或按 Ctrl+Alt+Shift+F 组合键，弹出"复合字体编辑器"对话框，如图 7-38 所示。单击"新建"按钮，弹出"新建复合字体"对话框，如图 7-39 所示。在"名称"文本框中输入复合字体的名称，如图 7-40 所示。单击"确定"按钮，返回到"复合字体编辑器"对话框中，在列表框下方选择字体，如图 7-41 所示。

图 7-38　　　　　　　　　　　　　　　　　　　图 7-39

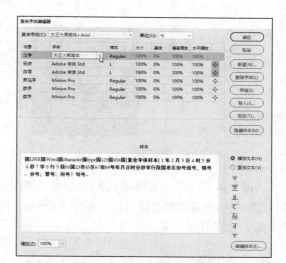

图 7-41

图 7-40

单击列表框中的其他选项，分别设置需要的字体，如图 7-42 所示。单击"存储"按钮，将复合字体存储，单击"确定"按钮，复合字体制作完成，且在字体列表的最上方显示，如图 7-43 所示。

图 7-42

图 7-43

在"复合字体编辑器"对话框的右侧，可进行如下操作。

单击"导入"按钮，可导入其他文本中的复合字体。

选择不需要的复合字体，单击"删除字体"按钮，可删除复合字体。

选择"横排文本"和"直排文本"单选按钮可切换样本的文本方向，使其以水平或垂直方式显示。

7.1.3　行距

选择文字工具 T，选择要更改行距的文本，如图 7-44 所示。在控制面板中的"行距"选项中设置需要的数值，按 Enter 键确定操作。取消文本的选择状态，效果如图 7-45 所示。

图 7-44　　　　　　　　　　　　　　　　　　　　图 7-45

选择文字工具 T，选择要更改的文本，如图 7-46 所示。"字符"面板如图 7-47 所示，在"行距"选项中设置需要的数值，如图 7-48 所示，按 Enter 键确定操作。取消文本的选择状态，效果如图 7-49 所示。

图 7-46　　　　　　图 7-47　　　　　　　　　　图 7-48　　　　　　　图 7-49

7.1.4　调整字偶间距和字距

1．调整字偶间距

选择文字工具 T，在需要的位置单击插入光标，如图 7-50 所示。在控制面板中的"字偶间距"选项中设置需要的数值，如图 7-51 所示。按 Enter 键确定操作，效果如图 7-52 所示。

图 7-50　　　　　　　　图 7-51　　　　　　　　图 7-52

提示　　选择文字工具 T，在需要的位置单击插入光标，按住 Alt 键再按向左（或向右）方向键，可减小（或增大）两个字符之间的字偶间距。

2．调整字距

选择文字工具 T，选择需要的文本，如图 7-53 所示。在控制面板中的"字符间距"选项中设置需要的数值，如图 7-54 所示，按 Enter 键确定操作。取消文本的选择状态，效果如图 7-55 所示。

图 7-53

图 7-54

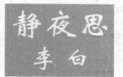
图 7-55

提示

选择文字工具 T，选择需要的文本，按住 Alt 键再按向左（或向右）方向键，可减小（或增大）字符间距。

7.1.5　基线偏移

选择文字工具 T，选择需要的文本，如图 7-56 所示。在控制面板中的"基线偏移"选项 A↕ 的文本框中输入需要的数值：正值将使该字符的基线移动到这一行中其余字符基线的上方，如图 7-57 所示；负值将使该字符移动到这一行中其余字符基线的下方，如图 7-58 所示。

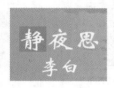
图 7-56

图 7-57

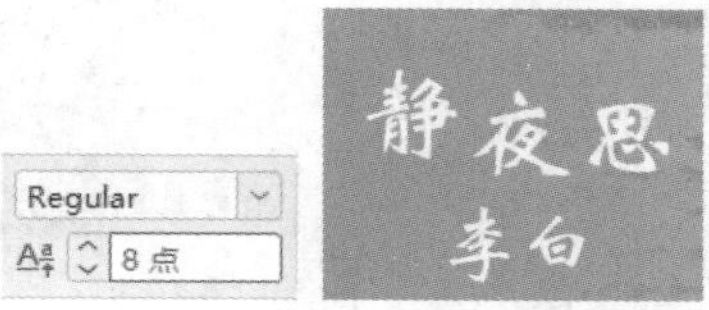

图 7-58

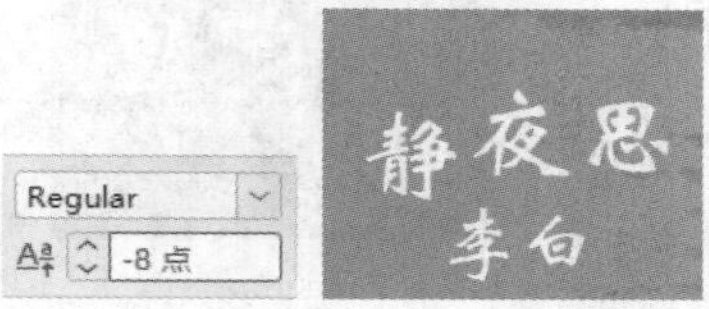

提示

在"基线偏移"选项 A↕ 的文本框中单击，按向上（或向下）方向键可增大（或减小）基线偏移值；按住 Shift 键再按向上或向下方向键，可以按更大的增量（或减量）更改基线偏移值。

7.1.6　字符上标和下标

选择文字工具 T，选择需要的文本，如图 7-59 所示。在控制面板中单击"上标"按钮 T¹，如图 7-60 所示，选择的文本变为上标。取消文本的选择状态，效果如图 7-61 所示。

图 7-59

图 7-60

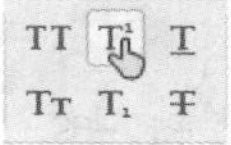

图 7-61

选择文字工具 T，选择需要的文本，如图 7-62 所示。在"字符"面板中单击右上方的 ≡ 按钮，在弹出的菜单中选择"下标"命令，如图 7-63 所示，选择的文本变为下标。取消文本的选择状态，效果如图 7-64 所示。

图 7-62   图 7-63   图 7-64

7.1.7　下划线和删除线

选择文字工具 **T**，选择需要的文本，如图 7-65 所示。在控制面板中单击"下划线"按钮 I，如图 7-66 所示，为选择的文本添加下划线。取消文本的选择状态，效果如图 7-67 所示。

图 7-65   图 7-66   图 7-67

选择文字工具 **T**，选择需要的文本，如图 7-68 所示。在"字符"面板中单击右上方的 ≡ 按钮，在弹出的菜单中选择"删除线"命令，如图 7-69 所示，为选择的文本添加删除线。取消文本的选择状态，效果如图 7-70 所示。下划线和删除线的默认粗细、颜色取决于所选择文本的大小和颜色。

图 7-68   图 7-69   图 7-70

7.1.8　缩放文本

选择选择工具 ▶，选择需要的文本框架，如图 7-71 所示。按 Ctrl+T 组合键，弹出"字符"面板，在"垂直缩放"选项 IT ⌄ 100% ⌄ 中设置需要的数值，如图 7-72 所示，按 Enter 键确定操作，垂直缩放文本。取消文本框架的选择状态，效果如图 7-73 所示。

图 7-71

图 7-72

图 7-73

选择选择工具 ▶ ， 选择需要的文本框架， 如图 7-74 所示，在"字符"面板中的"水平缩放"选项 中设置需要的数值，如图 7-75 所示，按 Enter 键确定操作，水平缩放文本。取消文本框架的选择状态，效果如图 7-76 所示。

选择文字工具 T ，选择需要的文本。在控制面板的"垂直缩放"选项 IT ↕ 100% ∨ 或"水平缩放"选项 I ↕ 100% ∨ 中设置需要的数值，也可缩放文本。

图 7-74

图 7-75

图 7-76

7.1.9 旋转文本

选择选择工具 ▶ ，选择需要的文本框架，如图 7-77 所示。按 Ctrl+T 组合键，弹出"字符"面板，在"字符旋转"选项 ⊤ 0° ∨ 中设置需要的数值，如图 7-78 所示，输入负值可以向右（顺时针）旋转字符，按 Enter 键确定操作，旋转文本。取消文本框架的选择状态，效果如图 7-79 所示。

图 7-77

图 7-78

图 7-79

7.1.10 倾斜文本

选择选择工具 ▶ ，选择需要的文本框架，如图 7-80 所示。按 Ctrl+T 组合键，弹出"字符"面板。在"倾斜"选项 T ⟳ 0° 文本框中输入需要的数值，如图 7-81 所示，按 Enter 键确定操作，倾斜文本。取消文本框架的选择状态，效果如图 7-82 所示。

图 7-80 　　　　　　　　　　图 7-81 　　　　　　　　　　图 7-82

7.1.11　调整字符前后的间距

选择文字工具 T，选择需要的字符，如图 7-83 所示。在控制面板中的"比例间距"选项 ⟳ 0% 文本框中输入需要的数值，如图 7-84 所示，按 Enter 键确定操作，可调整字符的前后间距。取消字符的选择状态，效果如图 7-85 所示。

图 7-83 　　　　　　　　　　图 7-84 　　　　　　　　　　图 7-85

调整控制面板或"字符"面板中的"字符前挤压间距"选项 自动 和"字符后挤压间距"选项 自动 ，也可调整字符前后的间距。

7.1.12　直排内横排

选择文字工具 T，选择需要的字符，如图 7-86 所示。按 Ctrl+T 组合键，弹出"字符"面板，单击面板右上方的 ≡ 按钮，在弹出的菜单中选择"直排内横排"命令，如图 7-87 所示，使选择的字符横排，效果如图 7-88 所示。

图 7-86 　　　　　　　　　　图 7-87 　　　　　　　　　　图 7-88

7.1.13　为文本添加拼音

选择文字工具 T，选择需要的文本，如图 7-89 所示。单击"字符"面板右上方的 ≡ 按钮，在弹出的菜单中选择"拼音 > 拼音"命令，如图 7-90 所示，弹出"拼音"对话框。在"拼音"选项中输入拼音字符，要更改"拼音"设置，单击对话框左侧的选项并指定设置，如图 7-91 所示。单击"确定"按钮，效果如图 7-92 所示。

图 7-89

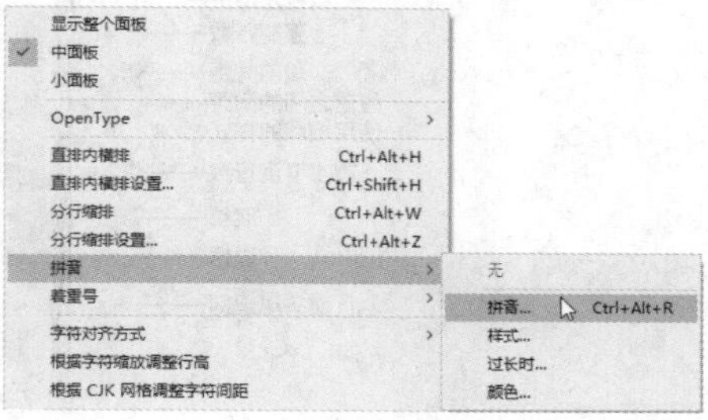

图 7-90

图 7-91

图 7-92

7.2　段落格式控制

在 InDesign CC 2019 中，可以通过控制面板和"段落"面板设置段落的格式。这些格式包括对齐文本、缩进、段落间距、首字下沉、段前和段后间距等。

选择文字工具 T ，其控制面板如图 7-93 所示，单击控制面板中的"段落格式控制"按钮 段 。

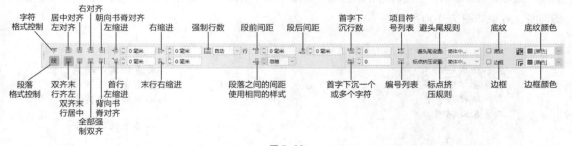

图 7-93

选择"窗口 > 文字和表 > 段落"命令或按 Ctrl+Alt+T 组合键，弹出"段落"面板，如图 7-94 所示。

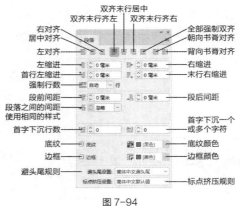

图 7-94

7.2.1 调整段落间距

选择文字工具 **T**，在需要的段落文本中单击插入光标，如图 7-95 所示。在"段落"面板中的"段前间距"选项 中设置需要的数值，如图 7-96 所示。按 Enter 键确定操作，可调整段落前的间距，效果如图 7-97 所示。

图 7-95

图 7-96

图 7-97

选择文字工具 **T**，在需要的段落文本中单击插入光标，如图 7-98 所示。在控制面板中的"段后间距"选项 中设置需要的数值，如图 7-99 所示。按 Enter 键确定操作，可调整段落后的间距，效果如图 7-100 所示。

图 7-98

图 7-99

图 7-100

7.2.2 首字下沉

选择文字工具 T，在段落文本中单击插入光标，如图 7-101 所示。在"段落"面板中的"首字下沉行数"选项 中设置需要的数值，如图 7-102 所示。按 Enter 键确定操作，效果如图 7-103 所示。

图 7-101

图 7-102

图 7-103

在"首字下沉一个或多个字符"选项 中设置输入需要的数值，如图 7-104 所示。按 Enter 键确定操作，效果如图 7-105 所示。

图 7-104

图 7-105

在控制面板中的"首字下沉行数"选项 或"首字下沉一个或多个字符"选项 中分别设置需要的数值，也可设置首字下沉效果。

7.2.3 项目符号和编号

项目符号和编号可以让文本看起来更有条理，在 InDesign CC 2019 中可以轻松创建并修改它们，并可以将项目符号嵌入段落样式中。

1. 创建项目符号和编号

选择文字工具 T，选择需要的文本，如图 7-106 所示。在控制面板中单击"段落格式控制"按钮 段，切换到相应的面板中。单击"项目符号列表"按钮，效果如图 7-107 所示；单击"编号列表"按钮 ，效果如图 7-108 所示。

图 7-106　　　　　　　　　图 7-107　　　　　　　　　图 7-108

选择文字工具 T，选择要重新设置的含编号的文本，如图 7-109 所示。按住 Alt 键单击"编号列表"按钮 ⋮，或单击"段落"面板右上方的 ≡ 按钮，在弹出的菜单中选择"项目符号和编号"命令，弹出"项目符号和编号"对话框，如图 7-110 所示。

图 7-109　　　　　　　　　　　　　　图 7-110

在"编号样式"选项组中，各选项的功能如下。

"格式"选项：设置需要的编号类型。

"编号"选项：使用默认表达式，即句号（.）加制表符空格（^t），读者也可以构建自己的编号表达式。

"字符样式"选项：为表达式选择字符样式，该样式将被应用到整个编号表达式，而不只是数字。

"模式"选项：在其下拉列表框中有两个选项，"从上一个编号继续"用于按顺序对列表进行编号，"开始于"用于从一个数字或在文本框中输入的其他值处开始进行编号；应输入数字而非字母，即使列表使用字母或罗马数字来进行编号也是如此。

在"项目符号或编号位置"选项组中，各选项的功能如下。

● "对齐方式"下拉列表：用于设置在为编号分配的水平间距内左对齐、居中对齐或右对齐项目符号或编号。

● "左缩进"数置框：用于指定第一行之后的行缩进量。

● "首行缩进"数置框：用于控制项目符号或编号的位置。

● "制表符位置"数置框：用于在项目符号或编号与列表项目的起始处之间生成空格。

设置需要的样式，如图 7-111 所示。单击"确定"按钮，效果如图 7-112 所示。

图 7-111   图 7-112

2. 设置项目符号和编号选项

选择文字工具 $\boxed{T}$，选择要重新设置的包含项目符号和编号的文本，如图 7-113 所示。按住 Alt 键单击"项目符号列表"按钮 ![ ]，或单击"段落"面板右上方的 ≡ 按钮，在弹出的菜单中选择"项目符号和编号"命令，弹出"项目符号和编号"对话框，如图 7-114 所示。

图 7-113   图 7-114

在"项目符号字符"选项组中，可进行如下操作。

单击"添加"按钮，弹出"添加项目符号"对话框，如图 7-115 所示。根据不同的字体和字体样式设置不同的符号，选择需要的字符，单击"确定"按钮，即可添加项目符号字符。

选择要删除的字符，单击"删除"按钮，可删除字符。其他选项的设置与"项目符号和编号"对话框中的设置相同，这里不再赘述。

"添加项目符号"对话框中的设置如图 7-116 所示，单击"确定"按钮，返回到"项目符号和编号"对话框中，设置需要的符号样式，如图 7-117 所示。单击"确定"按钮，效果如图 7-118 所示。

图 7-115

图 7-116

图 7-117

图 7-118

7.3　对齐文本

　　在 InDesign CC 2019 中，可以通过控制面板、"段落"面板和制表符对齐文本。下面具体介绍对齐文本的方法和技巧。

7.3.1　课堂案例——制作古典台历

案例学习目标

　　学习使用文字工具、"制表符"命令制作古典台历。

案例知识要点

　　使用矩形工具、钢笔工具、"路径查找器"面板、"投影"命令绘制台历背景，使用文字工具和"制表符"面板制作台历日期。古典台历效果如图 7-119 所示。

效果所在位置

　　云盘 > Ch07 > 效果 > 制作古典台历.indd。

扫码观看　扫码观看
制作古典台历 1　制作古典台历 2

图 7-119

1. 制作台历背景

（1）选择"文件 > 新建 > 文档"命令，弹出"新建文档"对话框，相关设置如图 7-120 所示。单击"边距和分栏"按钮，弹出"新建边距和分栏"对话框，相关设置如图 7-121 所示，单击"确定"按钮，新建一个页面。选择"视图 > 其他 > 隐藏框架边缘"命令，将所绘制图形的框架边缘隐藏。

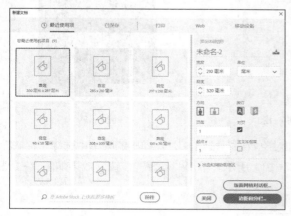

图 7-120   图 7-121

（2）选择矩形工具 ▢，在适当的位置绘制一个矩形。设置填充色的 CMYK 值为 9、0、5、0，填充图形，并设置描边色为无，效果如图 7-122 所示。

（3）选择钢笔工具 ✎，在适当的位置绘制封闭路径，设置填充色的 CMYK 值为 65、100、70、50，填充图形，并设置描边色为无，效果如图 7-123 所示。

图 7-122   图 7-123

（4）选择椭圆工具 ⬭，按住 Shift 键在适当的位置绘制一个圆形，填充图形为白色，并设置描边色为无，效果如图 7-124 所示。

（5）选择选择工具 ▶，按住 Alt+Shift 组合键水平向右拖曳图形到适当的位置，复制图形，效果如图 7-125 所示。连续按 Ctrl+Alt+4 组合键，按需要复制多个图形，效果如图 7-126 所示。

图 7-124   图 7-125   图 7-126

（6）选择选择工具 ▶，按住 Shift 键将所绘制的图形同时选择，如图 7-127 所示。选择"窗口 >
对象和版面 > 路径查找器"命令，弹出"路径查找器"面板，单击"减去"按钮 ▣，如图 7-128 所
示。生成新对象，效果如图 7-129 所示。

图 7-127   图 7-128   图 7-129

（7）单击控制面板中的"向选定的目标添加对象效果"按钮 fx，在弹出的菜单中选择"投影"
命令，弹出"效果"对话框，选项的设置如图 7-130 所示。单击"确定"按钮，效果如图 7-131
所示。

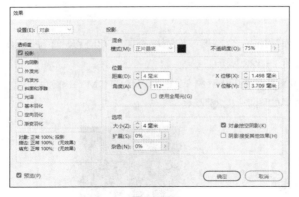

图 7-130   图 7-131

（8）选择钢笔工具 ✐，在适当的位置绘制一条路径，将控制面板中的"描边粗细" ⬍ 0.283 点 ﹀ 选
项设置为 6 点，按 Enter 键，效果如图 7-132 所示。设置描边色的 CMYK 值为 19、31、93、0，填
充描边，效果如图 7-133 所示。

图 7-132   图 7-133

（9）单击控制面板中的"向选定的目标添加对象效果"按钮 fx，在弹出的菜单中选择"投影"命
令，弹出"效果"对话框，选项的设置如图 7-134 所示。单击"确定"按钮，效果如图 7-135 所示。

图 7-134　　　　　　　　　　　　　　　　图 7-135

（10）选择钢笔工具 ，在适当的位置绘制一条封闭路径，如图 7-136 所示。设置填充色的 CMYK 值为 19、31、93、0，填充图形，并设置描边色为无，效果如图 7-137 所示。

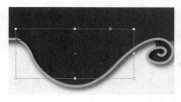

图 7-136　　　　　　　　　　　　　　　　图 7-137

（11）选择文字工具 T，在适当的位置拖曳出一个文本框架，输入需要的文本并选择文本，在控制面板中选择合适的字体和文字大小，效果如图 7-138 所示。设置文本填充色的 CMYK 值为 19、31、93、0，填充文本，取消文本选择状态，效果如图 7-139 所示。

（12）选择直排文字工具 ↓T，分别在适当的位置拖曳出文本框架，输入需要的文本并选择文本，在控制面板中分别选择合适的字体并设置文字大小，效果如图 7-140 所示。

（13）选择选择工具 ▶，按住 Shift 键将输入的文本同时选择，单击工具箱中的"格式针对文本"按钮 T，设置文本填充色的 CMYK 值为 19、31、93、0，填充文本，效果如图 7-141 所示。

图 7-138　　　　　图 7-139　　　　　图 7-140　　　　　图 7-141

（14）选择文字工具 T，选择拼音"Xin Chou Nian"，如图 7-142 所示。在控制面板中将"字符间距" VA 0 选项设置为-10，按 Enter 键，效果如图 7-143 所示。

（15）选择椭圆工具 ◯，按住 Shift 键在适当的位置绘制一个圆形，设置填充色的 CMYK 值为

19、31、93、0，填充图形，并设置描边色为无，效果如图 7-144 所示。

（16）选择文字工具 **T**，在适当的位置拖曳出一个文本框架，输入需要的文本并选择文本，在控制面板中选择合适的字体和文字大小。设置文本填充色的 CMYK 值为 65、100、70、50，填充文本，效果如图 7-145 所示。

图 7-142

图 7-143

图 7-144

图 7-145

2. 添加台历日期

（1）选择矩形工具 **□**，在适当的位置绘制一个矩形。设置填充色的 CMYK 值为 65、100、70、50，填充图形，并设置描边色为无，效果如图 7-146 所示。

（2）选择文字工具 **T**，在页面中分别拖曳出多个文本框架，输入需要的文本并选择文本，在控制面板中分别选择合适的字体和文字大小，效果如图 7-147 所示。

图 7-146

图 7-147

（3）选择文字工具 **T**，在页面外空白处拖曳出一个文本框架，输入需要的文本，选择输入的文本，在控制面板中选择合适的字体并设置文字大小，效果如图 7-148 所示。在控制面板中将"行距" (14.4 点) 选项设置为 37 点，按 Enter 键，效果如图 7-149 所示。

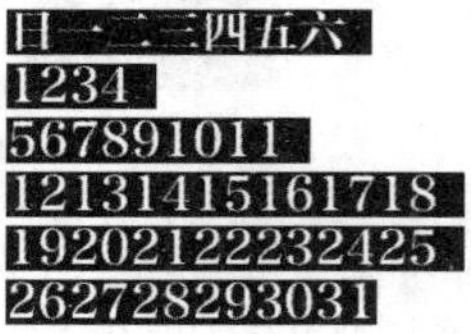

日 一 二 三 四 五 六
1234
567891011
12131415161718
19202122232425
262728293031
图 7-148

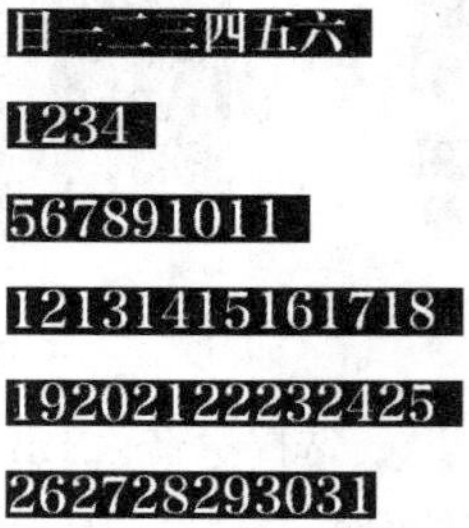

日 一 二 三 四 五 六
1234
567891011
12131415161718
19202122232425
262728293031
图 7-149

（4）选择文字工具 T，选择文本"日"，如图 7-150 所示。设置文本填充色的 CMYK 值为 0、0、0、59，填充文本，取消文本选择状态，效果如图 7-151 所示。使用相同的方法选择其他文本并填充相应的颜色，效果如图 7-152 所示。

日一二三四五六	日一二三四五六	日一二三四五六
1234	1234	1234
567891011	567891011	567891011
12131415161718	12131415161718	12131415161718
19202122232425	19202122232425	19202122232425
262728293031	262728293031	262728293031
图 7-150	图 7-151	图 7-152

（5）选择文字工具 T，将输入的文本同时选择，如图 7-153 所示。选择"文字 > 制表符"命令，弹出"制表符"面板，如图 7-154 所示。单击"居中对齐制表符"按钮 ↓，并在标尺上单击添加制表符，在"X"文本框中输入"21 毫米"，如图 7-155 所示。单击面板右上方的 ≡ 按钮，在弹出的菜单中选择"重复制表符"命令，"制表符"面板如图 7-156 所示。

图 7-153   图 7-154

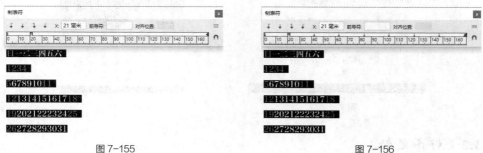

图 7-155   图 7-156

（6）在适当的位置单击插入光标，如图 7-157 所示。按 Tab 键，调整文本的间距，如图 7-158 所示。

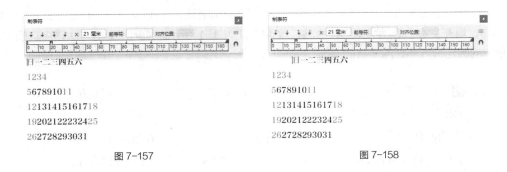

图 7-157　　　　　　　　　　　　　　　图 7-158

（7）在文本"日"后面插入光标，按 Tab 键，再次调整文本的间距，如图 7-159 所示。用相同的方法分别在适当的位置插入光标，按 Tab 键，调整文本的间距，效果如图 7-160 所示。

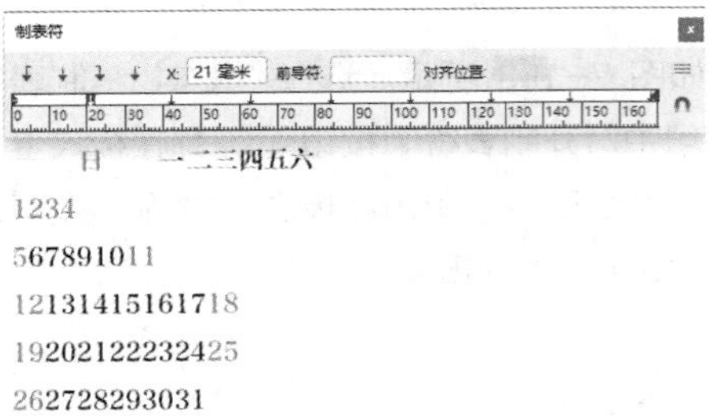

	日	一	二	三	四	五	六
					1	2	3	4
	5	6	7	8	9	10	11
	12	13	14	15	16	17	18
	19	20	21	22	23	24	25
	26	27	28	29	30	31	

图 7-159　　　　　　　　　　　　　　　图 7-160

（8）选择选择工具，选择日期文本框架，并将其拖曳到页面中适当的位置，效果如图 7-161 所示。在页面空白处单击，取消日期文本框的选择状态，台历制作完成，效果如图 7-162 所示。

图 7-161

图 7-162

7.3.2　对齐文本

选择选择工具，选择需要的文本框架，如图 7-163 所示。选择"窗口 > 文字和表 > 段落"命令，弹出"段落"面板，如图 7-164 所示。单击需要的对齐按钮，各种效果分别如图 7-165 所示。

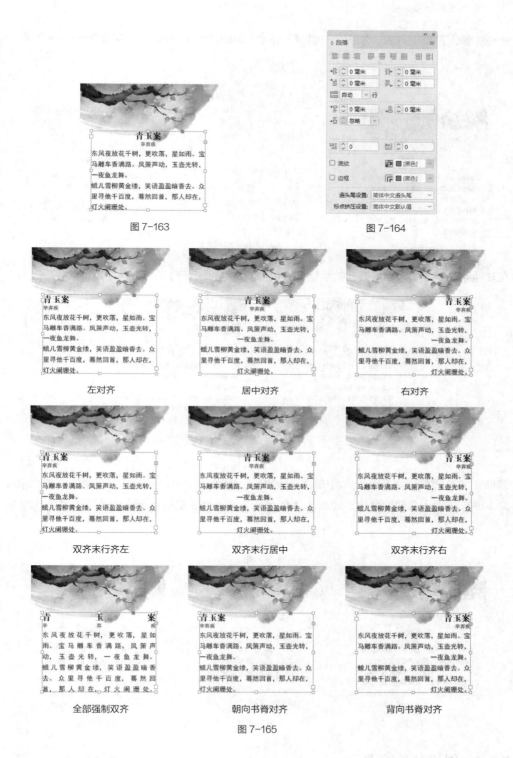

图 7-163　　　　　　　　　　　图 7-164

左对齐　　　　　　　　居中对齐　　　　　　　右对齐

双齐末行齐左　　　　　双齐末行居中　　　　　双齐末行齐右

全部强制双齐　　　　　朝向书脊对齐　　　　　背向书脊对齐

图 7-165

7.3.3　设置缩进

选择文字工具 **T**，在段落文本中单击插入光标，如图 7-166 所示。在"段落"面板"左缩进"

文本框　中输入需要的数值，如图 7-167 所示。按 Enter 键确定操作，效果如图 7-168 所示。

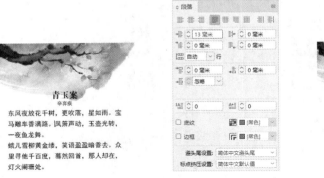

图 7-166　　　　　　　　　图 7-167　　　　　　　　　图 7-168

在其他缩进文本框中输入需要的数值，效果如图 7-169 所示。

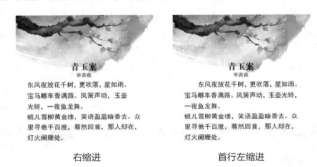

右缩进　　　　　　　　　首行左缩进

图 7-169

选择文字工具　，在段落文本中单击插入光标，如图 7-170 所示。在"段落"面板"末行右缩进"文本框　中输入需要的数值，如图 7-171 所示。按 Enter 键确定操作，效果如图 7-172 所示。

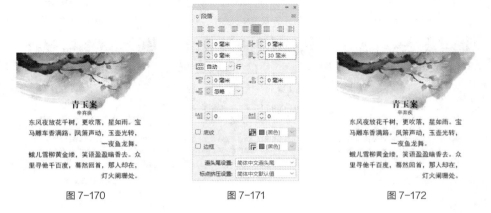

图 7-170　　　　　　　　　图 7-171　　　　　　　　　图 7-172

7.3.4　创建悬挂缩进

选择文字工具　，在段落文本中单击插入光标，如图 7-173 所示。在"段落"面板"左缩进"

文本框 ⁺⋶ 中输入大于 0 的值，按 Enter 键确定操作，效果如图 7-174 所示。再在"首行左缩进"文本框 ⁺⋶ 中输入一个小于 0 的值，按 Enter 键确定操作，使文本悬挂缩进，效果如图 7-175 所示。

图 7-173　　　　　　　　　图 7-174　　　　　　　　　图 7-175

选择文字工具 T ，在要缩进的段落文本前单击插入光标，如图 7-176 所示。选择"文字 > 插入特殊字符 > 其他 > 在此缩进对齐"命令，如图 7-177 所示，使文本悬挂缩进，效果如图 7-178 所示。

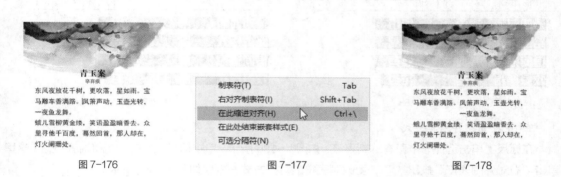

图 7-176　　　　　　　　　图 7-177　　　　　　　　　图 7-178

7.3.5　制表符

选择文字工具 T ，选择需要的文本框架，如图 7-179 所示。选择"文字 > 制表符"命令，或按 Shift+Ctrl+T 组合键，弹出"制表符"面板，如图 7-180 所示。

图 7-179　　　　　　　　　　　　　　　图 7-180

1. 设置制表符

在标尺上多次单击，设置制表符，如图 7-181 所示。在段落文本中需要添加制表符的位置单击，插入光标，按 Tab 键，调整文本的间距，效果如图 7-182 所示。

图 7-181　　　　　　　　　　　　图 7-182

2. 添加前导符

将所有文本同时选择，在标尺上单击选择一个已有的制表符，如图 7-183 所示。在"制表符"面板上方的"前导符"文本框中输入需要的字符，按 Enter 键确定操作，效果如图 7-184 所示。

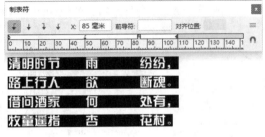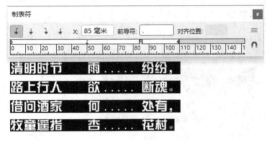

图 7-183　　　　　　　　　　　　图 7-184

3. 更改制表符对齐方式

在标尺上单击选择一个已有的制表符，如图 7-185 所示。单击标尺上方的制表符对齐按钮（这里单击"右对齐制表符"按钮），更改制表符的对齐方式，效果如图 7-186 所示。

图 7-185　　　　　　　　　　　　图 7-186

4. 移动制表符

在标尺上单击选择一个已有的制表符，如图 7-187 所示。在标尺上直接将其拖曳到新位置或在"X"文本框中输入需要的数值，移动制表符，效果如图 7-188 所示。

5. 重复制表符

在标尺上单击选择一个已有的制表符，如图 7-189 所示。单击"制表符"面板右上方的 ≡ 按钮，在弹出的菜单中选择"重复制表符"命令，在标尺上重复当前的制表符设置，效果如图 7-190 所示。

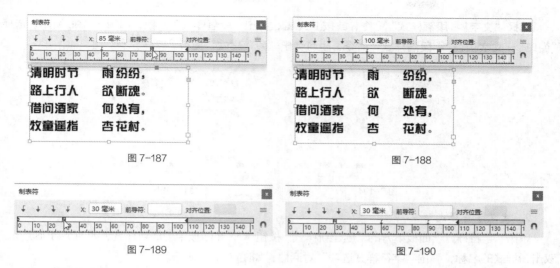

图 7-187　　　　　　　　　　　　　　图 7-188

图 7-189　　　　　　　　　　　　　　图 7-190

6. 删除定位符

在标尺上单击选择一个已有的制表符，如图 7-191 所示。直接将其拖离标尺或单击"制表符"面板右上方的 ≡ 按钮，在弹出的菜单中选择"删除制表符"命令，删除选择的制表符，如图 7-192 所示。

图 7-191　　　　　　　　　　　　　　图 7-192

单击"制表符"面板右上方的 ≡ 按钮，在弹出的菜单中选择"清除全部"命令，恢复为默认的制表符，效果如图 7-193 所示。

图 7-193

7.4　字符样式和段落样式

字符样式是指通过一个步骤就可以应用于文本的一系列字符格式属性的集合。段落样式包括字符样式和段落格式属性，可应用于一个段落，也可应用于某范围内的段落。

7.4.1　创建字符样式和段落样式

1. 打开样式面板

选择"文字 > 字符样式"命令，或按 Shift+F11 组合键，弹出"字符样式"面板，如图 7-194 所示。选择"窗口 > 文字和表 > 字符样式"命令，也可弹出"字符样式"面板。

选择"文字 > 段落样式"命令，或按 F11 键，弹出"段落样式"面板，如图 7-195 所示。选择"窗口 > 文字和表 > 段落样式"命令，也可弹出"段落样式"面板。

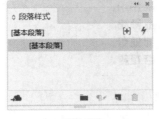

图 7-194   图 7-195

2. 定义字符样式

单击"字符样式"面板下方的"创建新样式"按钮 ，在面板中生成新样式，如图 7-196 所示。双击新样式的名称，弹出"字符样式选项"对话框，如图 7-197 所示。

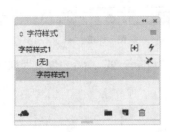

图 7-196   图 7-197

"字符样式选项"对话框中的主要选项功能如下。

● "样式名称"文本框：用于中输入新样式的名称。

● "基于"下拉列表框：用于选择当前样式所基于的样式。使用此选项，可以将样式相互链接，以便一种样式中的变化可以反映到基于它的子样式中。默认情况下，新样式基于"[无]"或当前任何选择文本的样式。

● "快捷键"文本框：用于添加键盘快捷键。

● "将样式应用于选区"复选框：勾选该复选框，将新样式应用于选择的文本。

在其他选项中设置格式属性，单击左侧的某个类别，设置要添加到样式中的属性。完成设置后，单击"确定"按钮即可。

3. 定义段落样式

单击"段落样式"面板下方的"创建新样式"按钮 ，在面板中生成新样式，如图 7-198 所示。双击新样式的名称，弹出"段落样式选项"对话框，如图 7-199 所示。

图 7-198

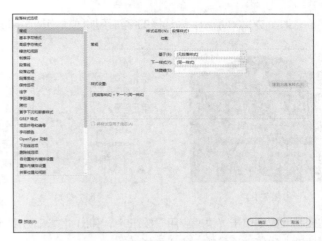

图 7-199

除"下一样式"选项外,其他选项的设置与"字符样式选项"对话框中的相同,这里不再赘述。

"下一样式"选项:指定当按 Enter 键时在当前样式之后应用的样式。

单击"段落样式"面板右上方的 ≡ 按钮,在弹出的菜单中选择"新建段落样式"命令,如图 7-200 所示,弹出"新建段落样式"对话框,如图 7-201 所示,也可新建段落样式。其中的选项与"段落样式选项"对话框中的相同,这里不再赘述。

图 7-200

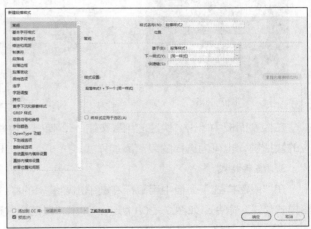

图 7-201

提示

若想在现有文本格式的基础上创建一种新的样式,可以选择该文本或在该文本中单击插入光标,单击"段落样式"面板下方的"创建新样式"按钮 🔳 。

7.4.2 编辑字符样式和段落样式

1. 应用字符样式

选择文字工具 $\boxed{T}$,选择需要的字符,如图 7-202 所示。在"字符样式"面板中单击需要的字符样式名称，如图 7-203 所示，为选择的字符添加样式。取消字符的选择状态，效果如图 7-204 所示。

图 7-202

图 7-203

图 7-204

在控制面板中单击"快速应用"按钮 ⚡，弹出"快速应用"面板，单击需要的段落样式，或按相应的快捷键，也可为选择的字符添加样式。

2. 应用段落样式

选择文字工具 **T**，在段落文本中单击插入光标，如图 7-205 所示。在"段落样式"面板中单击需要的段落样式名称，如图 7-206 所示，为选择的段落添加样式，效果如图 7-207 所示。

图 7-205

图 7-206

图 7-207

在控制面板中单击"快速应用"按钮 ⚡，弹出"快速应用"面板，单击需要的段落样式，或按相应的快捷键，也可为选择的段落添加样式。

3. 编辑样式

在"段落样式"面板中用鼠标右键单击要编辑的样式名称，在弹出的快捷菜单中选择"编辑'段落样式 2'"命令，如图 7-208 所示，弹出"段落样式选项"对话框，如图 7-209 所示。设置需要的选项，单击"确定"按钮即可。

在"段落样式"面板中双击要编辑的样式名称，或者在选择要编辑的样式后，单击面板右上方的 ≡ 按钮，在弹出的菜单中选择"样式选项"命令，弹出"段落样式选项"对话框，设置需要的选项，单击"确定"按钮即可。

字符样式的编辑与段落样式相似，这里不再赘述。

提示

单击或双击样式会将该样式应用于当前选择的文本或文本框架，如果没有选择任何文本或文本框架，则会将该样式设置为新框架中输入的任何文本的默认样式。

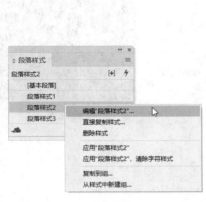

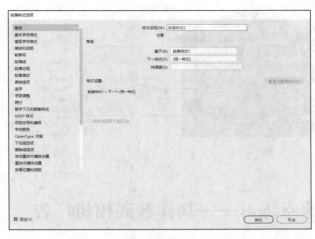

图 7-208   图 7-209

4. 删除样式

在"段落样式"面板中选择需要删除的段落样式，如图 7-210 所示。单击面板下方的"删除选定样式 > 组"按钮 🗑，或单击面板右上方的 ≡ 按钮，在弹出的菜单中选择"删除样式"命令，如图 7-211 所示。删除选择的段落样式，面板如图 7-212 所示。

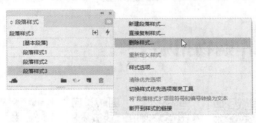
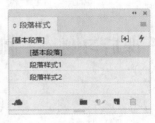

图 7-210   图 7-211   图 7-212

在要删除的段落样式上单击鼠标右键，在弹出的快捷菜单中选择"删除样式"命令，也可删除选择的样式。

提示　　要删除所有未使用的样式，在"段落样式"面板中单击右上方的 ≡ 按钮，在弹出的菜单中选择"选择所有未使用的"命令，选择所有未使用的样式，单击"删除选定样式 > 组"按钮 🗑；当删除未使用的样式时，不会提示替换该样式。

在"字符样式"面板中删除样式的方法与在"段落样式"面板中相似，这里不再赘述。

5. 清除段落样式优先选项

当将不属于某个样式的格式应用于这种样式的文本时，此格式称为优先选项。当选择含优先选项的文本时，样式名称旁会显示一个加号（+）。

选择文字工具 **T**，在有优先选项的文本中单击插入光标，如图 7-213 所示。单击"段落样式"面板中的"清除选区中的优先选项"按钮 ¶✗，或单击面板右上方的 ≡ 按钮，在弹出的菜单中选择"清除优先选项"命令，如图 7-214 所示。删除段落样式的优先选项，效果如图 7-215 所示。

图 7-213　　　　　　　　　　　　图 7-214　　　　　　　　　　　　图 7-215

课堂练习——制作数码相机广告

课后习题——制作购物招贴

08

第 8 章
表格与图层

本章介绍

    本章主要介绍 InDesign CC 2019 的表格和图层编辑功能。通过本章的学习，读者可以掌握绘制和编辑表格的方法，以及图层的操作技巧，学会创建美观、复杂的表格，并使用图层编辑出需要的版式文件。

课堂学习目标

- ✔ 掌握表格的绘制和编辑技巧
- ✔ 熟悉图层的操作方法

8.1 表格的绘制和编辑

表格是由多行和多列的单元格组成的。单元格类似于文本框架，可在其中添加文本、随文图等。下面具体介绍表的绘制和编辑方法。

8.1.1 课堂案例——制作汽车广告

案例学习目标

学习使用文字工具和表格命令制作汽车广告。

案例知识要点

使用文字工具添加广告语，使用矩形工具、"贴入内部"命令制作图片剪切效果，使用"项目符号列表"按钮添加段落文本的项目符号，使用"插入表"命令插入表格并添加文本，使用"合并单元格"命令合并选择的单元格。汽车广告效果如图 8-1 所示。

效果所在位置

云盘 ＞ Ch08 ＞ 效果 ＞ 制作汽车广告.indd。

图 8-1

1. 添加并编辑标题文本

（1）选择"文件 ＞ 新建 ＞ 文档"命令，弹出"新建文档"对话框，相关设置如图 8-2 所示。单击"边距和分栏"按钮，弹出"新建边距和分栏"对话框，相关设置如图 8-3 所示，单击"确定"按钮，新建一个页面。选择"视图 ＞ 其他 ＞ 隐藏框架边缘"命令，将所绘制图形的框架边缘隐藏。

（2）选择矩形工具▢，在页面中拖曳鼠标指针绘制一个与页面大小相等的矩形，设置填充色的CMYK 值为 0、0、0、16，填充图形，并设置描边色为无，效果如图 8-4 所示。

（3）选择"文件 ＞ 置入"命令，弹出"置入"窗口，选择云盘中的"Ch08 ＞ 素材 ＞ 制作汽车广告 ＞ 01"文件，单击"打开"按钮，在页面空白处单击置入图片。选择自由变换工具▸̄，将图片拖曳到适当的位置并调整其大小，效果如图 8-5 所示。

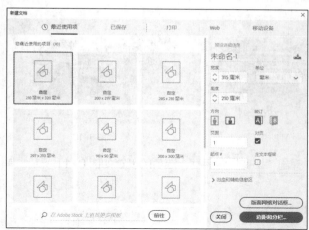

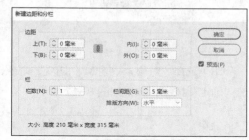

图 8-2   图 8-3

图 8-4   图 8-5

（4）选择选择工具 ，按住 Shift 键将矩形和图片同时选择。按 Shift+F7 组合键，弹出"对齐"面板，单击"水平居中对齐"按钮 ，如图 8-6 所示，对齐效果如图 8-7 所示。

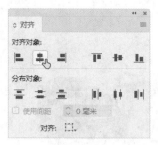

图 8-6   图 8-7

（5）按 Ctrl+O 组合键，打开云盘中的"Ch08 > 素材 > 制作汽车广告 > 02"文件，按 Ctrl+A 组合键将其全选，按 Ctrl+C 组合键复制选择的图像。返回到正在编辑的页面，按 Ctrl+V 组合键，将复制的图像粘贴到页面中，选择选择工具 ，拖曳该图像到适当的位置，效果如图 8-8 所示。

（6）选择文字工具 T ，在页面中分别拖曳出多个文本框架，输入需要的文本并选择文本，在控制面板中选择合适的字体和文字大小，效果如图 8-9 所示。

（7）选择选择工具 ，按住 Shift 键将输入的文本同时选择，单击工具箱中的"格式针对文本"按钮 T ，设置文本填充色的 CMYK 值为 0、100、100、37，填充文本，效果如图 8-10 所示。

图 8-8

图 8-9

图 8-10

（8）选择"对象 > 变换 > 切变"命令，弹出"切变"对话框，选项的设置如图 8-11 所示。单击"确定"按钮，效果如图 8-12 所示。

图 8-11

图 8-12

2. 置入并编辑图片

（1）选择矩形工具 ▢ ，按住 Shift 键在适当的位置绘制一个矩形。设置填充色为黑色，填充图形，并设置描边色的 CMYK 值为 0、0、10、0，填充描边。在控制面板中将"描边粗细" ⟨⟩ 0.283 点 ∨ 选项设置为 5 点，按 Enter 键，效果如图 8-13 所示。

（2）选择"文件 > 置入"命令，弹出"置入"窗口，选择云盘中的"Ch08 > 素材 > 制作汽车广告 > 03"文件，单击"打开"按钮，在页面空白处单击置入图片。选择自由变换工具 ，将图片拖曳到适当的位置并调整其大小，效果如图 8-14 所示。

图 8-13

图 8-14

（3）保持图片的选择状态，按 Ctrl+X 组合键剪切图片。选择选择工具 ▶ ，选择下方矩形，如图 8-15 所示。选择"编辑 > 贴入内部"命令，将图片贴入矩形的内部，效果如图 8-16 所示。使用相同的方法置入"04""05"图片并制作出图 8-17 所示的效果。

（4）选择文字工具 T ，在适当的位置拖曳出一个文本框架，输入需要的文本并选择文本，在控制面板中选择合适的字体并设置文字大小，效果如图 8-18 所示。在控制面板中将"行距" ⟨⟩ (14.4 点选项设置为 18 点，按 Enter 键，效果如图 8-19 所示。

图 8-15

图 8-16

图 8-17

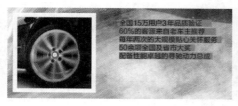

图 8-18

图 8-19

（5）保持文本的选择状态。按住 Alt 键单击控制面板中的"项目符号列表"按钮 ，在弹出的"项目符号和编号"对话框中将"列表类型"设为项目符号，单击"添加"按钮，在弹出的"添加项目符号"对话框中选择需要的符号，如图 8-20 所示。单击"确定"按钮，回到"项目符号和编号"对话框中，相关设置如图 8-21 所示，单击"确定"按钮，效果如图 8-22 所示。

图 8-20

图 8-21

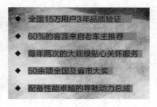

图 8-22

3. 绘制并编辑表格

（1）选择文字工具 ，在页面外拖曳出一个文本框架。选择"表 > 插入表"命令，在弹出的"插入表"对话框中进行相关设置，如图 8-23 所示。单击"确定"按钮，效果如图 8-24 所示。

（2）将鼠标指针移至表格的左上角，当鼠标指针变为 形状时，单击选择整个表格。选择"表 > 单元格选项 > 描边和填色"命令，弹出"单元格选项"对话框，选项的设置如图 8-25 所示。单击"确定"按钮，效果如图 8-26 所示。

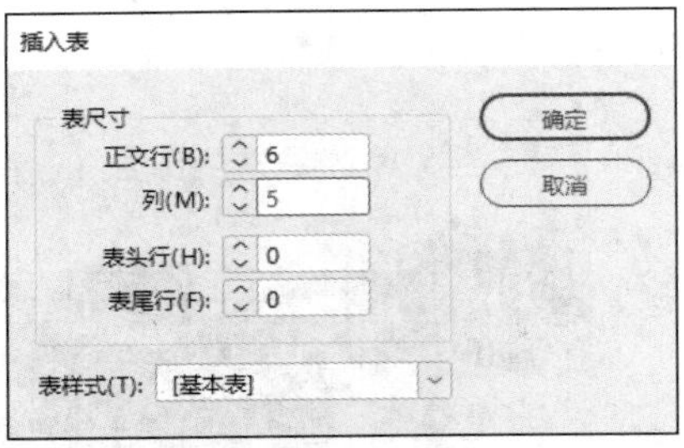

图 8-23

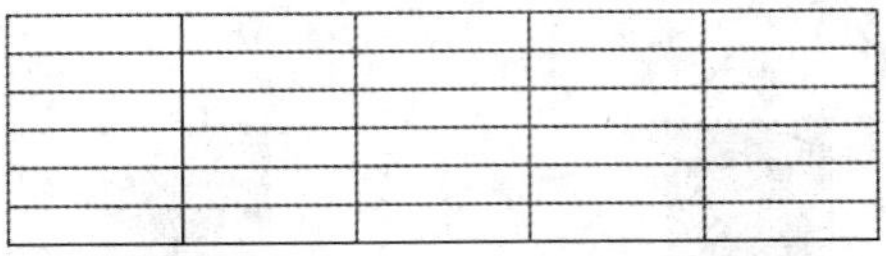

图 8-24

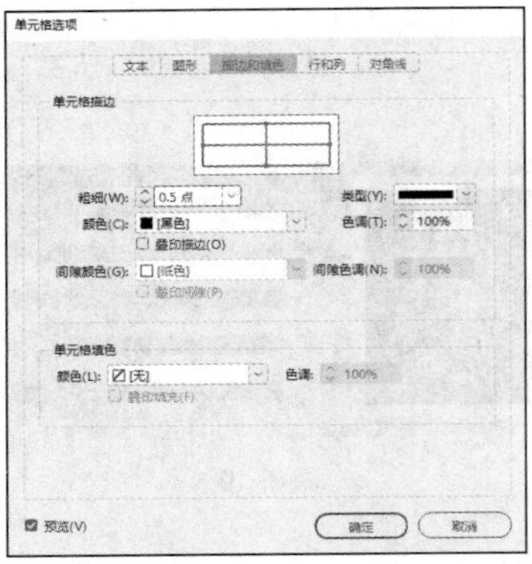

图 8-25

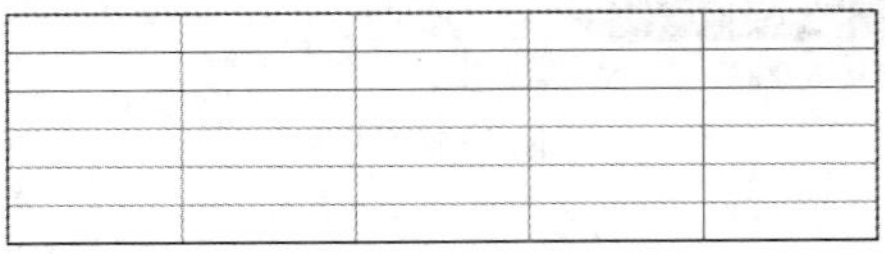

图 8-26

（3）将鼠标指针移到表格第一行的下边缘，当鼠标指针变为 ⬍ 形状时，按住鼠标左键向下拖曳，如图 8-27 所示。松开鼠标左键，效果如图 8-28 所示。

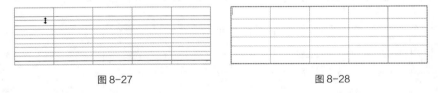

图 8-27

图 8-28

（4）将鼠标指针移到表格第一列的右边缘，鼠标指针变为 ↔ 形状，按住 Shift 键向左拖曳鼠标指针，如图 8-29 所示。松开鼠标左键，效果如图 8-30 所示。使用相同的方法调整其他列线，效果如图 8-31 所示。

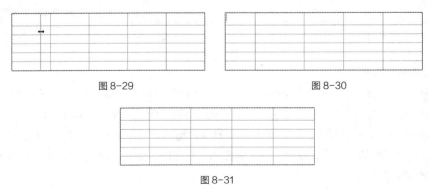

图 8-29

图 8-30

图 8-31

（5）将鼠标指针移到表格最后一行的左边缘，当鼠标指针变为➡形状时单击选择最后一行，如图 8-32 所示。选择“表 > 合并单元格”命令，将选择的单元格合并，效果如图 8-33 所示。

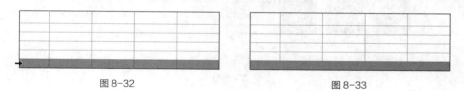

图 8-32

图 8-33

（6）选择“表 > 表选项 > 交替填色”命令，弹出“表选项”对话框，单击“交替模式”选项右侧的⌄按钮，在下拉列表中选择“每隔一行”选项。单击“颜色”选项右侧的⌄按钮，在弹出的色板中选择需要的色板，其他选项的设置如图 8-34 所示。单击“确定”按钮，效果如图 8-35 所示。

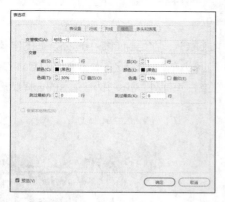

图 8-34

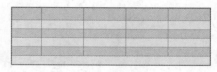

图 8-35

（7）选择文字工具 T，在表格中输入需要的文本。选择输入的文本，在控制面板中选择合适的字体并设置文字大小，效果如图 8-36 所示。

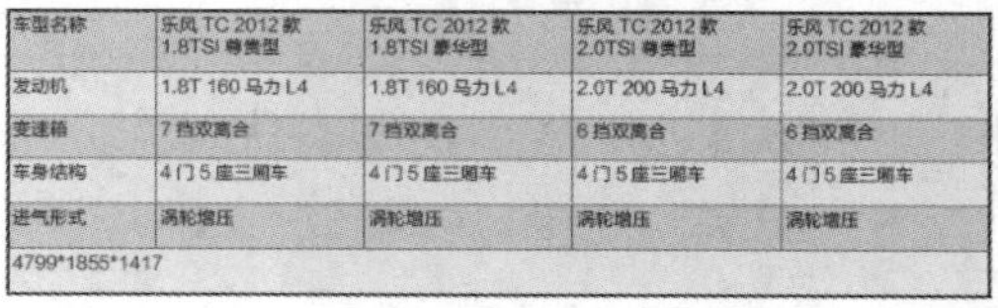

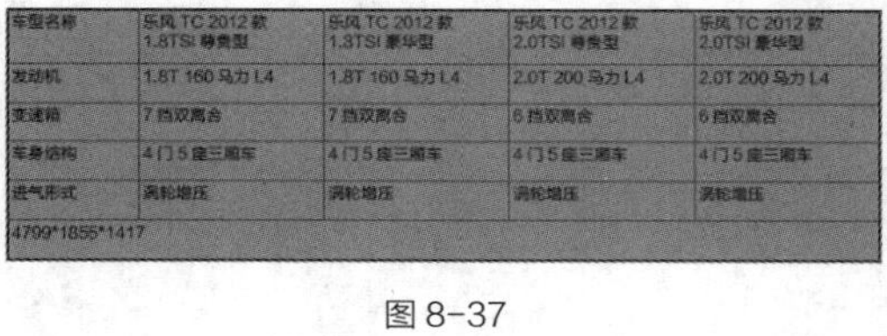

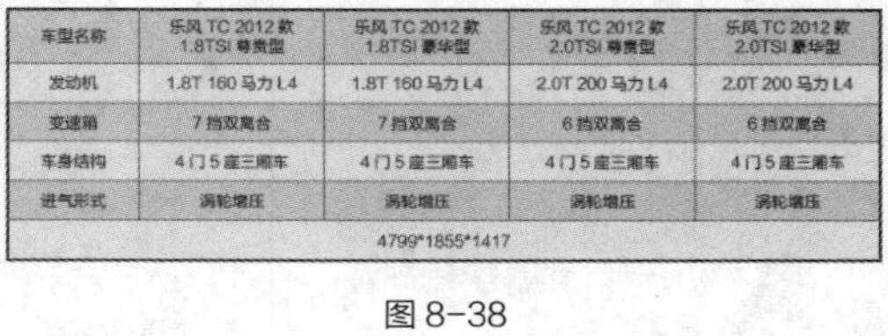

车型名称	乐风 TC 2012 款 1.8TSI 尊贵型	乐风 TC 2012 款 1.8TSI 豪华型	乐风 TC 2012 款 2.0TSI 尊贵型	乐风 TC 2012 款 2.0TSI 豪华型
发动机	1.8T 160 马力 L4	1.8T 160 马力 L4	2.0T 200 马力 L4	2.0T 200 马力 L4
变速箱	7 挡双离合	7 挡双离合	6 挡双离合	6 挡双离合
车身结构	4 门 5 座三厢车	4 门 5 座三厢车	4 门 5 座三厢车	4 门 5 座三厢车
进气形式	涡轮增压	涡轮增压	涡轮增压	涡轮增压
4799*1855*1417				

图 8-36

（8）将鼠标指针移至表格的左上角，当鼠标指针变为↘形状时，单击选择整个表格，如图 8-37 所示。在控制面板中单击“居中对齐”按钮☰和“居中对齐”按钮▦，文本效果如图 8-38 所示。

车型名称	乐风 TC 2012 款 1.8TSI 尊贵型	乐风 TC 2012 款 1.8TSI 豪华型	乐风 TC 2012 款 2.0TSI 尊贵型	乐风 TC 2012 款 2.0TSI 豪华型
发动机	1.8T 160 马力 L4	1.8T 160 马力 L4	2.0T 200 马力 L4	2.0T 200 马力 L4
变速箱	7 挡双离合	7 挡双离合	6 挡双离合	6 挡双离合
车身结构	4 门 5 座三厢车	4 门 5 座三厢车	4 门 5 座三厢车	4 门 5 座三厢车
进气形式	涡轮增压	涡轮增压	涡轮增压	涡轮增压
4799*1855*1417				

图 8-37

车型名称	乐风 TC 2012 款 1.8TSI 尊贵型	乐风 TC 2012 款 1.8TSI 豪华型	乐风 TC 2012 款 2.0TSI 尊贵型	乐风 TC 2012 款 2.0TSI 豪华型
发动机	1.8T 160 马力 L4	1.8T 160 马力 L4	2.0T 200 马力 L4	2.0T 200 马力 L4
变速箱	7 挡双离合	7 挡双离合	6 挡双离合	6 挡双离合
车身结构	4 门 5 座三厢车	4 门 5 座三厢车	4 门 5 座三厢车	4 门 5 座三厢车
进气形式	涡轮增压	涡轮增压	涡轮增压	涡轮增压
4799*1855*1417				

图 8-38

（9）选择选择工具 ▶，选择表格，将其拖曳到页面中适当的位置，如图 8-39 所示。选择文字工具 T，在适当的位置拖曳出一个文本框架，输入需要的文本并选择文本，在控制面板中选择合适的字体和文字大小。将"字符间距" $\underset{\text{VA}}{\text{VA}} \updownarrow 0$ 选项设置为160，按 Enter 键，效果如图8-40所示。

图 8-39

图 8-40

（10）选择文字工具 T ，选择英文文本"WU FENG"，在控制面板中选择合适的字体和文字大小，效果如图8-41所示。选择文本"WU FENG 五风汽车"，设置文本填充色的CMYK值为0、100、100、37，填充文本，效果如图8-42所示。在空白页面处单击，取消文本的选择状态，汽车广告制作完成，效果如图8-43所示。

图 8-41

图 8-42

图 8-43

8.1.2 表格的创建

1. 创建表格

选择文字工具 T ，在需要的位置拖曳出文本框架并在要创建表格的文本框架中单击插入光标，如图8-44所示。选择"表 > 插入表"命令，或按 Ctrl+Shift+Alt+T 组合键，弹出"插入表"对话框，根据需要设置相关选项，如图8-45所示。单击"确定"按钮，效果如图8-46所示。

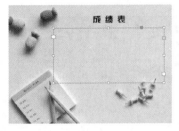

图 8-44

图 8-45

图 8-46

"插入表"对话框中主要选项的功能如下。

● "正文行"/"列"数值框：用于指定正文行中的水平单元格数和列中的垂直单元格数。

● "表头行"/"表尾行"数值框：若表格内容跨多个列或多个框架，这两个选项用于指定要在其中重复信息的表头行或表尾行的数量。

2. 在表格中添加文本和图形

选择文字工具 T ，在单元格中单击插入光标，输入需要的文本，如图 8-47 所示。选择"文件 > 置入"命令，弹出"置入"窗口。选择需要的图形，单击"打开"按钮，置入需要的图形，效果如图 8-48 所示。

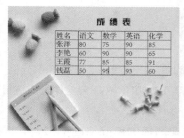

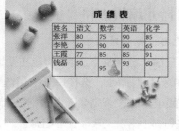

图 8-47　　　　　　　　　　　图 8-48

选择选择工具 ▶ ，选择需要的图形，如图 8-49 所示。按 Ctrl+X 组合键（或按 Ctrl+C 组合键），剪切（或复制）需要的图形。选择文字工具 T ，在单元格中单击插入光标，如图 8-50 所示。按 Ctrl+V组合键，将剪切（或复制）的图形贴入表格中，效果如图 8-51 所示。

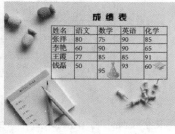

图 8-49　　　　　　图 8-50　　　　　　　　　　图 8-51

3. 在表格中移动光标

按 Tab 键可以使光标后移一个单元格，若在最后一个单元格中按 Tab 键，则会新建一行。

按 Shift+Tab 组合键可以前移一个单元格，如果在第一个单元格中按 Shift+Tab 键，光标将移至最后一个单元格。

如果在光标位于直排表格中某行的最后一个单元格的末尾时按向下方向键，则光标会移至同一行中第一个单元格的起始位置。同样，如果在光标位于直排表格中某列的最后一个单元格的末尾时按向左方向键，则光标会移至同一列中第一个单元格的起始位置。

选择文字工具 T ，在表格中单击插入光标，如图 8-52 所示。选择"表 > 转至行"命令，弹出"转至行"对话框，指定要转到的行，如图 8-53 所示。单击"确定"按钮，效果如图 8-54 所示。

若当前表格中定义了表头行或表尾行，则在菜单中选择"表头"或"表尾"命令，单击"确定"按钮即可。

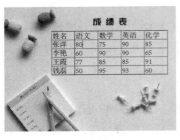
图 8-52

图 8-53

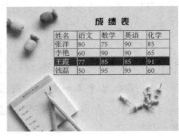
图 8-54

8.1.3　选择并编辑表格

1. 选择单元格、行和列或整个表格

（1）选择单元格。选择文字工具 **T**，在要选择的单元格内单击，或选择单元格中的文本，选择"表 > 选择 > 单元格"命令，选择单元格。选择文字工具 **T**，在单元格中拖曳选择需要的单元格。小心不要拖曳行线或列线，否则会改变表格的大小。

（2）选择整行或整列。选择文字工具 **T**，在要选择的单元格内单击，或选择单元格中的文本，选择"表 > 选择 > 行 > 列"命令，选择整行或整列。选择文字工具 **T**，将鼠标指针移至表格中需要选择的列的上边缘，当鼠标指针变为↓形状时，如图 8-55 所示，单击选择整列，如图 8-56 所示。

姓名	语文	历史	政治
张三	90	85	99
李四	70	90	95
王五	67	89	79

图 8-55

姓名	语文	历史	政治
张三	90	85	99
李四	70	90	95
王五	67	89	79

图 8-56

选择文字工具 **T**，将鼠标指针移至表格中行的左边缘，当鼠标指针变为➡形状时，如图 8-57 所示，单击选择整行，如图 8-58 所示。

姓名	语文	历史	政治
张三	90	85	99
李四	70	90	95
王五	67	89	79

图 8-57

姓名	语文	历史	政治
张三	90	85	99
李四	70	90	95
王五	67	89	79

图 8-58

（3）选择整个表格。选择文字工具 **T**，直接选择单元格中的文本，或在要选择的单元格内单击插入光标，选择"表 > 选择 > 表"命令，或按 Ctrl+Alt+A 组合键选择整个表格。选择文字工具 **T**，将鼠标指针移至表格的左上方，当鼠标指针变为 ↘ 形状时，如图 8-59 所示，单击选择整个表格，如图 8-60 所示。

姓名	语文	历史	政治
张三	90	85	99
李四	70	90	95
王五	67	89	79

图 8-59

姓名	语文	历史	政治
张三	90	85	99
李四	70	90	95
王五	67	89	79

图 8-60

2. 插入行和列

（1）插入行。选择文字工具 T，在要插入行的前一行或后一行中的任一单元格中单击插入光标，如图 8-61 所示。选择“表 > 插入 > 行”命令，或按 Ctrl+9 组合键，弹出“插入行”对话框，根据需要设置相关选项，如图 8-62 所示。单击“确定”按钮，效果如图 8-63 所示。

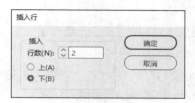

姓名	语文	历史	政治
张三	90	85	99
李四	70	90	95
王五	67	89	79

图 8-61

图 8-62

姓名	语文	历史	政治
张三	90	85	99
李四	70	90	95
王五	67	89	79

图 8-63

在“行数”文本框中输入需要插入的行数，可以指定新行应该显示在当前行的上方还是下方。

选择文字工具 T，在表格中的最后一个单元格中单击插入光标，如图 8-64 所示。按 Tab 键，可插入新的一行，效果如图 8-65 所示。

姓名	语文	历史	政治
张三	90	85	99
李四	70	90	95
王五	67	89	79

图 8-64

姓名	语文	历史	政治
张三	90	85	99
李四	70	90	95
王五	67	89	79

图 8-65

（2）插入列。选择文字工具 T，在要插入列的前一列或后一列中的任一单元格中单击插入光标，如图 8-66 所示。选择“表 > 插入 > 列”命令，或按 Ctrl+Alt+9 组合键，弹出“插入列”对话框，根据需要设置相关选项，如图 8-67 所示。单击“确定”按钮，效果如图 8-68 所示。

姓名	语文	历史	政治
张三	90	85	99
李四	70	90	95
王五	67	89	79

图 8-66

图 8-67

姓名	语文			历史	政治
张三	90			85	99
李四	70			90	95
王五	67			89	79

图 8-68

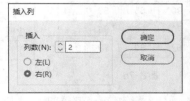

在"列数"选项文本框中输入需要插入的列数，可以指定新列应该显示在当前列的左侧还是右侧。

（3）插入多行和多列。选择文字工具 **T**，在表格中任一位置单击插入光标，如图 8-69 所示。选择"表 > 表选项 > 表设置"命令，弹出"表选项"对话框，根据需要设置相关选项，如图 8-70 所示。单击"确定"按钮，效果如图 8-71 所示。

| 图 8-69 | 图 8-70 | 图 8-71 |

在"表尺寸"选项组中的"正文行""表头行""列""表尾行"选项中输入新表格的行数和列数，可将新行添加到表格的底部，新列则添加到表格的右侧。

选择文字工具 **T**，在表格中任一位置单击插入光标，如图 8-72 所示。选择"窗口 > 文字和表 > 表"命令，或按 Shift+F9 组合键，弹出"表"面板，在"行数"和"列数"选项中分别输入需要的数值，如图 8-73 所示。按 Enter 键，也可以插入多行和多列，效果如图 8-74 所示。

| 图 8-72 | 图 8-73 | 图 8-74 |

（4）通过拖曳的方式插入行或列。选择文字工具 **T**，将鼠标指针放置在要插入列的前一列边框上，鼠标指针变为 ↔ 形状，如图 8-75 所示。按住 Alt 键向右拖曳鼠标指针，如图 8-76 所示。松开鼠标左键，效果如图 8-77 所示。

| 图 8-75 | 图 8-76 | 图 8-77 |

选择文字工具 **T**，将鼠标指针放置在要插入行的前一行的边框上，鼠标指针变为 ↕ 形状，如图 8-78 所示。按住 Alt 键向下拖曳鼠标指针，如图 8-79 所示。松开鼠标左键，效果如图 8-80 所示。

姓名	语文	历史	政治
张三	90	85	99
李四	70	90	95
王五	67	89	79

图 8-78

姓名	语文	历史	政治
张三	90	85	99
李四	70	90	95
王五	67	89	79

图 8-79

姓名	语文	历史	政治
张三	90	85	99
李四	70	90	95
王五	67	89	79

图 8-80

提示　对于横排表格中表格的上边缘或左边缘，或者对于直排表格中表格的上边缘或右边缘，不能通过拖曳来插入行或列，这些区域用于选择行或列。

3．删除行、列或表格

选择文字工具 **T**，在要删除的行、列或表格中单击，或选择表格中的文本。选择"表 > 删除 > 行、列或表"命令，删除行、列或表格。

选择文字工具 **T**，在表格中任一位置单击插入光标。选择"表 > 表选项 > 表设置"命令，弹出"表选项"对话框，在"表尺寸"选项组中输入新的行数和列数，单击"确定"按钮，可删除行、列和表格。行从表格的底部被删除，列从表格的左侧被删除。

选择文字工具 **T**，将鼠标指针放置在表格的下边框或右边框上，当鼠标指针显示为 ↕ 或 ↔ 形状时，按住 Alt 键向上或向左拖曳鼠标左键，可以分别删除行或列。

8.1.4　设置表格的格式

1．调整行、列或表格的大小

（1）调整行和列的大小。选择文字工具 **T**，在要调整行或列的任一单元格中单击插入光标，如图 8-81 所示。选择"表 > 单元格选项 > 行和列"命令，弹出"单元格选项"对话框，在"行高"和"列宽"选项中输入需要的行高和列宽数值，如图 8-82 所示。单击"确定"按钮，效果如图 8-83 所示。

姓名	语文	历史	政治
张三	90	85	99
李四	70	90	95
王五	67	89	79

图 8-81

图 8-82

姓名	语文	历史	政治
张三	90	85	99
李四	70	90	95
王五	67	89	79

图 8-83

选择文字工具 T，在行或列的任一单元格中单击插入光标，如图 8-84 所示。选择"窗口 > 文字和表 > 表"命令，或按 Shift+F9 组合键，弹出"表"面板，在"行高"和"列宽"选项中分别输入需要的数值，如图 8-85 所示。按 Enter 键，效果如图 8-86 所示。

姓名	语文	历史	收治
张三	90	85	99
李四	70	90	95
于五	67	89	79

图 8-84

图 8-85

姓名	语文	历史	收治
张三	90	85	99
李四	70	90	95
于五	67	89	79

图 8-86

选择文字工具 T，将鼠标指针放置在列或行的边缘上，当鼠标指针变为 ↔ 或 ↕ 形状时，向左或向右拖曳以增大或减小列宽，向上或向下拖曳以增大或减小行高。

（2）在不改变表宽的情况下调整行高和列宽。选择文字工具 T，将鼠标指针放置在要调整列宽的列边缘上，鼠标指针变为 ↔ 形状，如图 8-87 所示。按住 Shift 键向右或向左拖曳鼠标指针，如图 8-88 所示，可增大或减小列宽，效果如图 8-89 所示。

姓名	语文	历史	收治
张三	90	85	99
李四	70 ↔	90	95
于五	67	89	79

图 8-87

姓名	语文	历史	收治
张三	90	85	99
李四	70 ↔	90	95
于五	67	89	79

图 8-88

姓名	语文	历史	收治
张三	90	85	99
李四	70	90	95
于五	67	89	79

图 8-89

选择文字工具 T，将鼠标指针放置在要调整行高的行边缘上，用上述方法上下拖曳鼠标指针，可在不改变表高的情况下改变行高。

选择文字工具 T，将鼠标指针放置在表格的下边缘，鼠标指针变为 ↕ 形状，如图 8-90 所示，按住 Shift 键向下或向上拖曳鼠标指针，如图 8-91 所示，可增大或减小行高，如图 8-92 所示。

姓名	语文	历史	收治
张三	90 ↕	85	99
李四	70	90	95
于五	67	89	79

图 8-90

姓名	语文	历史	收治
张三	90	85	99
李四	70 ↕	90	95
于五	67	89	79

图 8-91

姓名	语文	历史	收治
张三	90	85	99
李四	70	90	95
于五	67	89	79

图 8-92

选择文字工具 T，将鼠标指针放置在表格的右边缘，用上述方法左右拖曳鼠标指针，可在不改变表高的情况下按比例改变列宽。

（3）调整整个表格的大小。选择文字工具 T，将鼠标指针放置在表格的右下角，鼠标指针变为 ↘ 形状，如图 8-93 所示，向右下方或向左上方拖曳鼠标指针，如图 8-94 所示，可增大或减小表格的尺寸，效果如图 8-95 所示。

姓名	语文	历史	收治
张三	90	85	99
李四	70	90	95
王五	67	89	79

图 8-93

姓名	语文	历史	收治
张三	90	85	99
李四	70	90	95
王五	67	89	79

图 8-94

姓名	语文	历史	收治
张三	90	85	99
李四	70	90	95
王五	67	89	79

图 8-95

（4）均匀分布行和列。选择文字工具 T，选择要均匀分布的行，如图 8-96 所示。选择"表 > 均匀分布行"命令，均匀分布选择的单元格所在的行，取消文本的选择状态，效果如图 8-97 所示。

姓名	语文	历史	收治
张三	90	85	99
李四	70	90	95
王五	67	89	79

图 8-96

姓名	语文	历史	收治
张三	90	85	99
李四	70	90	95
王五	67	89	79

图 8-97

选择文字工具 T，选择要均匀分布的列，如图 8-98 所示。选择"表 > 均匀分布列"命令，均匀分布选择的单元格所在的列，取消文本的选择状态，效果如图 8-99 所示。

姓名	语文	历史	收治
张三	90	85	99
李四	70	90	95
王五	67	89	79

图 8-98

姓名	语文	历史	收治
张三	90	85	99
李四	70	90	95
王五	67	89	79

图 8-99

2. 设置表格中文本的格式

（1）更改单元格中文本的对齐方式。选择文字工具 T，选择要更改文本对齐方式的单元格，如图 8-100 所示。选择"表 > 单元格选项 > 文本"命令，弹出"单元格选项"对话框，如图 8-101所示。在"垂直对齐"选项组中分别选择需要的对齐方式，单击"确定"按钮，效果如图 8-102 所示。

姓名	语文	历史	收治
张三	90	85	99
李四	70	90	95
王五	67	89	79

图 8-100

图 8-101

姓名	语文	历史	政治
张三	90	85	99
李四	70	90	95
王五	67	89	79

上对齐

姓名	语文	历史	政治
张三	90	85	99
李四	70	90	95
王五	67	89	79

居中对齐（默认）

姓名	语文	历史	政治
张三	90	85	99
李四	70	90	95
王五	67	89	79

下对齐

姓名	语文	历史	政治
张三	90	85	99
李四	70	90	95
王五	67	89	79

撑满

图 8-102

（2）旋转单元格中的文本。选择文字工具 **T**，选择要旋转文本的单元格，如图 8-103 所示。选择"表 > 单元格选项 > 文本"命令，弹出"单元格选项"对话框，在"文本旋转"选项组中的"旋转"选项中选择需要的旋转角度，如图 8-104 所示。单击"确定"按钮，效果如图 8-105 所示。

图 8-103　　　　　　　　　　图 8-104　　　　　　　　　　图 8-105

3. 合并和拆分单元格

（1）合并单元格。选择文字工具 **T**，选择要合并的单元格，如图 8-106 所示。选择"表 > 合并单元格"命令，合并选择的单元格，取消单元格的选择状态，效果如图 8-107 所示。

选择文字工具 **T**，在合并后的单元格中单击插入光标，如图 8-108 所示。选择"表 > 取消合并单元格"命令，可取消单元格的合并，效果如图 8-109 所示。

成绩单			
姓名	语文	历史	政治
张三	90	85	99
李四	70	90	95
王五	67	89	79

图 8-106

成绩单			
姓名	语文	历史	政治
张三	90	85	99
李四	70	90	95
王五	67	89	79

图 8-107

成绩单			
姓名	语文	历史	政治
张三	90	85	99
李四	70	90	95
王五	67	89	79

图 8-108

成绩单			
姓名	语文	历史	政治
张三	90	85	99
李四	70	90	95
王五	67	89	79

图 8-109

（2）拆分单元格。选择文字工具 **T**，选择要拆分的单元格，如图 8-110 所示。选择"表 > 水平拆分单元格"命令，水平拆分选择的单元格，取消单元格的选择状态，效果如图 8-111 所示。

选择文字工具 **T**，选择要拆分的单元格，如图 8-112 所示。选择"表 > 垂直拆分单元格"命令，垂直拆分选择的单元格，取消单元格的选择状态，效果如图 8-113 所示。

成绩单			
姓名	语文	历史	政治
张三	90	85	99
李四	70	90	95
王五	67	89	79

图 8-110　　　　　图 8-111　　　　　图 8-112　　　　　图 8-113

8.1.5　表格的描边和填色

1. 更改表格边框的描边和填色

选择文字工具 $\boxed{T}$，在表格中单击插入光标，如图 8-114 所示。选择"表 > 表选项 > 表设置"命令，弹出"表选项"对话框，根据需要设置相关选项，如图 8-115 所示。单击"确定"按钮，效果如图 8-116 所示。

成绩单			
姓名	语文	历史	政治
张三	90	85	99
李四	70	90	95
王五	67	89	79

图 8-114　　　　　图 8-115　　　　　图 8-116

"表选项"对话框中主要选项的功能如下。

- "表外框"选项组：用于设置表格外框的"粗细""类型""颜色""色调"和"间隙颜色"。
- "保留本地格式"复选框：勾选该复选框后，个别单元格的描边格式不被覆盖。

2. 为单元格添加描边和填色

（1）使用单元格选项添加描边和填色。选择文字工具 $\boxed{T}$，在表格中选择需要的单元格，如图 8-117 所示。选择"表 > 单元格选项 > 描边和填色"命令，弹出"单元格选项"对话框，根据需要设置相关选项，如图 8-118 所示。单击"确定"按钮，取消单元格的选择状态，效果如图 8-119 所示。

成绩单			
姓名	语文	历史	政治
张三	90	85	99
李四	70	90	95
王五	67	89	79

图 8-117　　　　　图 8-118　　　　　图 8-119

在"单元格描边"选项组的预览区域中单击蓝色线条，可以取消线条的选择状态，线条呈灰色状态将不能描边。在其他选项中可以指定线条的"粗细""类型""颜色""色调"和"间隙颜色"等。

在"单元格填色"选项组中可以指定单元格的"颜色"和"色调"。

（2）使用"描边"面板添加描边。选择文字工具 $\boxed{\text{T}}$，在表格中选择需要的单元格，如图 8-120 所示。选择"窗口 > 描边"命令，或按 F10 键，弹出"描边"面板，在预览区域中取消选择不需要添加描边的线条，其他选项的设置如图 8-121 所示。按 Enter 键，取消单元格的选择状态，效果如图 8-122 所示。

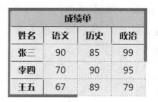

图 8-120　　　　　　　　　　图 8-121　　　　　　　　　　图 8-122

3. 为单元格添加对角线

选择文字工具 $\boxed{\text{T}}$，在要添加对角线的单元格中单击插入光标，如图 8-123 所示。选择"表> 单元格选项 > 对角线"命令，弹出"单元格选项"对话框，根据需要设置相关选项，如图 8-124 所示。单击"确定"按钮，效果如图 8-125 所示。

图 8-123　　　　　　　　　　图 8-124　　　　　　　　　　图 8-125

单击要添加的对角线的类型按钮，包括"从左上角到右下角的对角线"按钮 $\boxed{\diagdown}$、"从右上角到左下角的对角线"按钮 $\boxed{\diagup}$、"交叉对角线"按钮 $\boxed{\boxtimes}$。在"线条描边"选项组中可设置对角线的"粗细""类型""颜色""色调""间隙颜色"和"间隙色调"，还可设置"叠印描边"选项和"叠印间隙"选项。

在"绘制"下拉列表中选择"对角线置于最前"选项，会将对角线放置在单元格内容的前面，选择"内容置于最前"选项会将对角线放置在单元格内容的后面。

4. 在表格中交替进行描边和填色

（1）为表格添加交替描边。选择文字工具 $\boxed{\text{T}}$，在表格中单击插入光标，如图 8-126 所示。选择

"表 > 表选项 > 交替行线"命令，弹出"表选项"对话框，在"交替模式"选项中选择需要的模式类型，激活其下方的选项，根据需要设置相关选项，如图 8-127 所示。单击"确定"按钮，效果如图 8-128 所示。

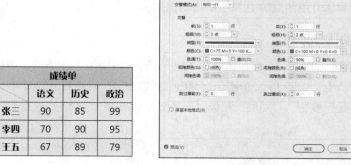

图 8-126 图 8-127 图 8-128

在"交替"选项组中设置第一种模式和后续模式的"描边"或"填色"选项。

在"跳过最前"和"跳过最后"选项中指定表格的开始和结束处不显示描边属性的行数或列数。

选择文字工具 **T**，在表格中单击插入光标，选择"表 > 表选项 > 交替列线"命令，弹出"表选项"对话框，根据需要设置相关选项，可以为表格添加交替列线。

（2）为表格添加交替填充。选择文字工具 **T**，在表格中单击插入光标，如图 8-129 所示。选择"表 > 表选项 > 交替填色"命令，弹出"表选项"对话框，在"交替模式"选项中选择需要的模式类型，激活其下方的选项。根据需要设置相关选项，如图 8-130 所示。单击"确定"按钮，效果如图 8-131 所示。

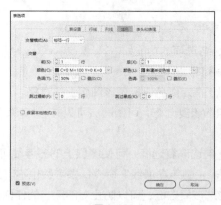

图 8-129 图 8-130 图 8-131

（3）关闭表格中的交替描边和交替填色。选择文字工具 **T**，在表格中单击插入光标。选择"表 > 表选项 > 交替填色"命令，弹出"表选项"对话框，在"交替模式"选项中选择"无"选项，单击"确定"按钮，即可关闭表格中的交替填色。

8.2 图层的操作

在 InDesign CC 2019 中，通过使用多个图层，可以创建和编辑文档中的特定区域，而不会影响其他区域或其他图层的内容。下面具体介绍图层的使用方法和操作技巧。

8.2.1 创建图层并指定图层选项

选择"窗口 > 图层"命令，弹出"图层"面板，如图 8-132 所示。单击面板右上方的 ≣ 按钮，在弹出的菜单中选择"新建图层"命令，如图 8-133 所示。弹出"新建图层"对话框，如图 8-134 所示。设置需要的选项，单击"确定"按钮，"图层"面板显示如图 8-135 所示。

图 8-132

图 8-133

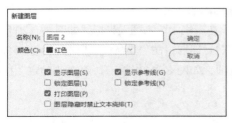

图 8-134

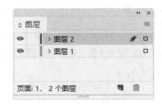

图 8-135

在"新建图层"对话框中，各选项的功能如下。

- "名称"文本框：用于输入图层的名称。
- "颜色"下拉列表框：用于指定颜色以标识该图层上的对象。
- "显示图层"复选框：勾选该复选框，可使图层可见并可打印，与在"图层"面板中使眼睛图标 ● 可见的效果相同。
- "显示参考线"复选框：勾选该复选框，可使图层上的参考线可见，如果未勾选此复选框，即使选择"视图 > 网格和参考线 > 显示参考线"命令，参考线也不可见。
- "锁定图层"复选框：勾选该复选框，可以防止对图层上的任何对象进行更改。
- "锁定参考线"复选框：勾选该复选框，可以防止对图层上的所有标尺参考线进行更改。
- "打印图层"复选框：勾选该复选框，可允许图层被打印，当打印或导出为 PDF 时，可以决定是否打印隐藏图层和非打印图层。
- "图层隐藏时禁止文本绕排"复选框：在图层处于隐藏状态并且该图层包含应用了文本绕排的

文本时，若勾选该复选框，可使其他图层上的文本正常排列。

在"图层"面板中单击"创建新图层"按钮 ，可以创建新图层。双击该新图层，弹出"图层选项"对话框，设置需要的选项，单击"确定"按钮，可编辑图层。

> 提示
>
> 若要在选择的图层下方创建一个新图层，按住 Ctrl 键单击"创建新图层"按钮 即可。

8.2.2　在图层上添加对象

在"图层"面板中选择要添加对象的图层，使用"置入"命令可以在选择的图层上添加对象。直接在页面中绘制需要的图形，也可添加对象。

> 提示
>
> 在隐藏或锁定的图层上无法绘制或置入新对象。

8.2.3　编辑图层上的对象

1．选择图层上的对象

选择选择工具 ▶，可选择任意图层上的图形对象。

按住 Alt 键单击"图层"面板中的图层，可选择当前图层上的所有对象。

2．移动图层上的对象

选择选择工具 ▶，选择要移动的对象，如图 8-136 所示。在"图层"面板中拖曳图层列表右侧的彩色点到目标图层，如图 8-137 所示，将选择的对象移动到另一个图层。当再次选择对象时，选择状态如图 8-138 所示，"图层"面板显示如图 8-139 所示。

图 8-136

图 8-137

图 8-138

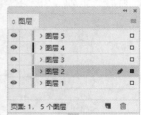

图 8-139

选择选择工具 ▶，选择要移动的对象，如图 8-140 所示。按 Ctrl+X 组合键剪切图形，在"图层"面板中选择要移动到的目标图层，如图 8-141 所示。按 Ctrl+V 组合键粘贴图形，效果如图 8-142 所示。

3．复制图层上的对象

选择选择工具 ▶，选择要复制的对象，如图 8-143 所示。按住 Alt 键在"图层"面板中拖曳图层列表右侧的彩色点到目标图层，如图 8-144 所示，将选择的对象复制到另一个图层。微移复制的图形，效果如图 8-145 所示。

图 8-140　　　　　　　　　　图 8-141　　　　　　　　　　图 8-142

图 8-143　　　　　　　　　　图 8-144　　　　　　　　　　图 8-145

提示

　　　　按住 Ctrl 键拖曳图层列表右侧的彩色点，可将选择的对象移动到隐藏或锁定的图层；按住 Ctrl+Alt 组合键拖曳图层列表右侧的彩色点，可将选择的对象复制到隐藏或锁定的图层。

8.2.4　更改图层的顺序

在"图层"面板中选择要调整的图层，如图 8-146 所示。按住鼠标左键拖曳图层到需要的位置，如图 8-147 所示。松开鼠标左键，效果如图 8-148 所示。

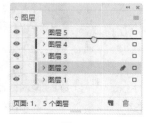

图 8-146　　　　　　　　　　图 8-147　　　　　　　　　　图 8-148

也可同时选择多个图层，整体调整图层的顺序。

8.2.5　显示或隐藏图层

在"图层"面板中选择要隐藏的图层，如图 8-149 所示，原效果如图 8-150 所示。单击图层列表左侧的眼睛图标 ● 隐藏该图层，"图层"面板显示如图 8-151 所示，效果如图 8-152 所示。

图 8-149

图 8-150

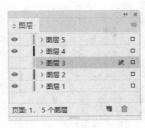

图 8-151

图 8-152

　　在"图层"面板中选择要显示的图层，如图 8-153 所示，原效果如图 8-154 所示。单击面板右上方的≡按钮，在弹出的菜单中选择"隐藏其他"命令，可隐藏除选择的图层外的所有图层，"图层"面板显示如图 8-155 所示，效果如图 8-156 所示。

图 8-153

图 8-154

图 8-155

图 8-156

　　在"图层"面板中单击右上方的≡按钮，在弹出的菜单中选择"显示全部图层"命令，可显示所有图层。

　　隐藏的图层不能编辑，且不会显示在屏幕上，打印时也不显示。

8.2.6　锁定或解锁图层

　　在"图层"面板中选择要锁定的图层，如图 8-157 所示。单击图层列表左侧的空白方格 ，如图 8-158 所示。显示锁定图标 🔒 锁定图层，"图层"面板显示如图 8-159 所示。

图 8-157

图 8-158

图 8-159

　　在"图层"面板中选择不需要锁定的图层，如图 8-160 所示。单击"图层"面板右上方的≡按钮，在弹出的菜单中选择"锁定其他"命令，可锁定除选择的图层外的所有图层，"图层"面板显示如图 8-161 所示。

图 8-160　　　　　　　　　　　　　　　　图 8-161

在"图层"面板中单击右上方的 ≡ 按钮，在弹出的菜单中选择"解锁全部图层"命令，可解除所有图层的锁定。

8.2.7　删除图层

在"图层"面板中选择要删除的图层，如图 8-162 所示，原效果如图 8-163 所示。单击面板下方的"删除选定图层"按钮 🗑，删除选择的图层，"图层"面板显示如图 8-164 所示，效果如图 8-165 所示。

  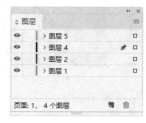 

图 8-162　　　　　　　图 8-163　　　　　　　图 8-164　　　　　　　图 8-165

在"图层"面板中选择要删除的图层，单击面板右上方的 ≡ 按钮，在弹出的菜单中选择"删除图层'图层名称'"命令，可删除选择的图层。

按住 Ctrl 键在"图层"面板中单击选择多个要删除的图层，然后单击面板中的"删除选定图层"按钮 🗑 或使用面板菜单中的"删除图层'图层名称'"命令，可删除多个图层。

要删除所有空图层，可单击"图层"面板右上方的 ≡ 按钮，在弹出的菜单中选择"删除未使用的图层"命令。

课堂练习——制作旅游广告

课后习题——制作房地产广告

09

第 9 章
页面编排

本章介绍

　　本章主要介绍在 InDesign CC 2019 中编排页面的方法，讲解页面、跨页和主页的概念，以及页码、章节页码的设置和"页面"面板的使用方法。通过本章的学习，读者可以掌握编排页面的方法与技巧，减少不必要的重复工作，使排版工作变得更加高效。

课堂学习目标

- ✔ 掌握版面布局的方法
- ✔ 掌握主页的使用技巧

9.1 版面布局

InDesign CC 2019 的版面布局包括基本布局和精确布局两种。建立新文档，设置页面、版心和分栏，指定出血和辅助信息域等属于基本版面布局。标尺、网格和参考线可以给出对象的精确位置，属于精确版面布局。

9.1.1 课堂案例——制作美妆杂志封面

案例学习目标

学习使用文字工具、"字符"面板、"段落"面板和填充工具制作美妆杂志封面。

案例知识要点

使用"置入"命令置入图片，使用文字工具、"投影"命令、"字形"面板添加杂志名称及刊期，使用文字工具和填充工具添加其他相关信息，使用矩形工具、"角选项"命令制作装饰图形。美妆杂志封面效果如图 9-1 所示。

效果所在位置

云盘 > Ch09 > 效果 > 制作美妆杂志封面.indd。

扫码观看
制作美妆杂志
封面 1

扫码观看
制作美妆杂志
封面 2

图 9-1

1. 添加杂志名称和刊期

（1）选择"文件 > 新建 > 文档"命令，弹出"新建文档"对话框，相关设置如图 9-2 所示。单击"边距和分栏"按钮，弹出"新建边距和分栏"对话框，相关设置如图 9-3 所示，单击"确定"按钮，新建一个页面。选择"视图 > 其他 > 隐藏框架边缘"命令，将所绘制图形的框架边缘隐藏。

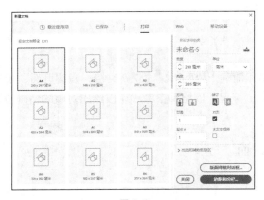

图 9-2　　　　　　　　　　　　　　　　图 9-3

（2）选择"文件 ＞ 置入"命令，弹出"置入"窗口，选择云盘中的"Ch09 ＞ 素材 ＞ 制作美妆杂志封面 ＞ 01"文件，单击"打开"按钮，在页面空白处单击置入图片。选择自由变换工具 ，将图片拖曳到适当的位置并调整其大小，效果如图 9-4 所示。

（3）保持图片选取状态。选择选择工具 ，选中限位框左侧中间的控制手柄并将其向右拖曳到适当的位置，裁剪图片，效果如图 9-5 所示。使用相同的方法对其他 3 条边进行裁剪，效果如图 9-6 所示。

图 9-4　　　　　　　　　　图 9-5　　　　　　　　　　图 9-6

（4）选取并复制记事本文档中需要的文本。返回到 InDesign 页面中，选择文字工具 ，在适当的位置拖曳出一个文本框架，将复制的文本粘贴到文本框架中，选择文本框架中的文本，在控制面板中选择合适的字体并设置文字大小。设置文本填充色的 CMYK 值为 0、100、45、0，填充文本，效果如图 9-7 所示。选取英文字母"o"，设置文本填充色的 CMYK 值为 0、100、20、0，填充文本，取消英文字母"o"的选取状态，效果如图 9-8 所示。

图 9-7　　　　　　　　　　图 9-8

（5）选择选择工具 ，选取文本，单击控制面板中的"向选定的目标添加对象效果"按钮 fx.，在弹出的菜单中选择"投影"命令，弹出"效果"对话框，选项的设置如图 9-9 所示。单击"确定"按钮，效果如图 9-10 所示。

图 9-9   图 9-10

（6）分别选取并复制记事本文档中需要的文本，返回到 InDesign 页面中，选择文字工具 T，分别在适当的位置拖曳出文本框架，将复制的文本粘贴到文本框架中，分别选择文本框架中的文本，在控制面板中分别选择合适的字体并设置文字大小，效果如图 9-11 所示。

图 9-11

（7）选择文字工具 T，在"儿"文本右侧单击插入光标，如图 9-12 所示。选择"文字 > 字形"命令，弹出"字形"面板，在面板下方设置需要的字体和字体样式，在需要的字形上双击，如图 9-13 所示。在文本框架中插入字形，效果如图 9-14 所示。

图 9-12   图 9-13   图 9-14

（8）选择选择工具 ，按住 Shift 键选择需要的文本，单击工具箱中的"格式针对文本"按钮 T，填充文本为白色，效果如图 9-15 所示。选择文字工具 T，选择需要的文本，在控制面板中单击"居中对齐"按钮 ≡，文本对齐效果如图 9-16 所示。

图 9-15　　　　　　　　　　　　　图 9-16

（9）分别选择并复制记事本文档中需要的文本，返回到 InDesign 页面中，选择文字工具 **T**，分别在适当的位置拖曳出文本框架，将复制的文本粘贴到文本框架中。分别选择文本框架中的文本，在控制面板中分别选择合适的字体并设置文字大小，效果如图 9-17 所示。

（10）选择文字工具 **T**，选择数字"78"，在控制面板中设置文字大小，效果如图 9-18 所示。用相同的方法设置其他文字大小，效果如图 9-19 所示。

图 9-17　　　　　　　　　　　图 9-18　　　　　　　　　图 9-19

（11）选择"文件 > 置入"命令，弹出"置入"窗口，选择云盘中的"Ch09 > 素材 > 制作美妆杂志封面 > 02"文件，单击"打开"按钮，在页面空白处单击置入图片。选择自由变换工具，将图片拖曳到适当的位置并调整其大小，效果如图 9-20 所示。

（12）选择并复制记事本文档中需要的文本，返回到 InDesign 页面中，选择文字工具 **T**，在适当的位置拖曳出一个文本框架，将复制的文本粘贴到文本框架中。选择文本框架中的文本，在控制面板中选择合适的字体并设置文字大小，填充文本为白色，效果如图 9-21 所示。

（13）在控制面板中单击"居中对齐"按钮，文本对齐效果如图 9-22 所示。选择文字工具 **T**，选择文本"美丽"，在控制面板中选择合适的字体，效果如图 9-23 所示。

图 9-20　　　　　　　　　　图 9-21　　　　图 9-22　　　　图 9-23

2. 添加栏目名称

（1）分别选择并复制记事本文档中需要的文本，返回到 InDesign 页面中，选择文字工具 **T**，分别在适当的位置拖曳出文本框架，将复制的文本粘贴到文本框架中。分别选择文本框架中的文本，在控制面板中分别选择合适的字体并设置文字大小，效果如图 9-24 所示。选择文本"彩色美妆"，填充文本为白色，效果如图 9-25 所示。

图 9-24　　　　　　　　　　　图 9-25

（2）选择选择工具▶，按住 Shift 键选择需要的文本。单击工具箱中的"格式针对文本"按钮 T，设置文本填充色的 CMYK 值为 0、100、45、0，填充文本，效果如图 9-26 所示。

（3）选择选择工具▶，按住 Shift 键单击需要的文本将其同时选择。按 Shift + F7 组合键，弹出"对齐"面板，单击"水平居中对齐"按钮，如图 9-27 所示，对齐效果如图 9-28 所示。

图 9-26　　　　　　　　　　图 9-27　　　　　　　　　　图 9-28

（4）选择椭圆工具○，按住 Shift 键在适当的位置拖曳鼠标指针绘制一个圆形，填充圆形为白色，并在控制面板中将"描边粗细"选项 0.283 点 设置为 0.5 点，按 Enter 键，效果如图 9-29 所示。

（5）选择并复制记事本文档中需要的文本，返回到 InDesign 页面中，选择文字工具 T，在适当的位置拖曳出一个文本框架，将复制的文本粘贴到文本框架中。选择文本框架中的文本，在控制面板中选择合适的字体并设置文字大小，效果如图 9-30 所示。

图 9-29　　　　　　　　　　　　图 9-30

（6）在控制面板中单击"居中对齐"按钮，文本对齐效果如图 9-31 所示。选择文字工具 T，选择文本"限量版"，在控制面板中选择合适的字体并设置文字大小，效果如图 9-32 所示。

图 9-31　　　　　　　　　　　　图 9-32

（7）选择选择工具 ▶ ，按住 Shift 键单击圆形将其同时选择，连续按 Ctrl+[组合键，将图形向后移动到适当的位置，效果如图 9-33 所示。

（8）分别选择并复制记事本文档中需要的文本，返回到 InDesign 页面中，选择文字工具 T ，分别在适当的位置拖曳出文本框架，将复制的文本粘贴到文本框架中。分别选择文本框架中的文本，在控制面板中分别选择合适的字体并设置文字大小，效果如图 9-34 所示。

图 9-33　　　　　　　　　　　　　　　图 9-34

（9）选择选择工具 ▶ ，选择需要的文本。单击工具箱中的"格式针对文本"按钮 T ，设置文本填充色的 CMYK 值为 0、100、45、0，填充文本，效果如图 9-35 所示。选择文字工具 T ，在"高"文本左侧单击插入光标，如图 9-36 所示。

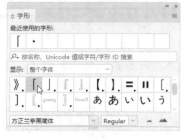

图 9-35　　　　　　　　　　　　　　　图 9-36

（10）选择"文字 > 字形"命令，弹出"字形"面板，在面板下方设置需要的字体和字体样式，在需要的字形上双击，如图 9-37 所示。在文本框架中插入字形，效果如图 9-38 所示。

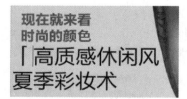

图 9-37　　　　　　　　　　　　　　　图 9-38

（11）保持光标插入状态，按 Ctrl+T 组合键，弹出"字符"面板，将"字偶间距"选项 VA ⌃ (0) 设置为−300，如图 9-39 所示。按 Enter 键，效果如图 9-40 所示。用相同的方法插入其他字形，并设置"字偶间距"，效果如图 9-41 所示。

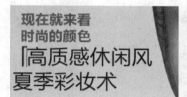

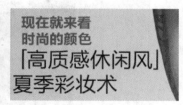

图 9-39　　　　　　　　　图 9-40　　　　　　　　　图 9-41

（12）选择文字工具 **T**，选择文本"夏季彩妆术"，按 Ctrl+Alt+T 组合键，弹出"段落"面板，选项的设置如图 9-42 所示。按 Enter 键，效果如图 9-43 所示。

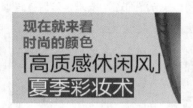

图 9-42　　　　　　　　　　　　　　图 9-43

（13）分别选择并复制记事本文档中需要的文本，返回到 InDesign 页面中，选择文字工具 **T**，分别在适当的位置拖曳出文本框架，将复制的文本粘贴到文本框架中。分别选择文本框架中的文本，在控制面板中分别选择合适的字体并设置文字大小，效果如图 9-44 所示。

（14）选择选择工具 **▶**，将输入的文本同时选择。单击工具箱中的"格式针对文本"按钮 **T**，设置文本填充色的 CMYK 值为 0、100、45、0，填充文本，效果如图 9-45 所示。选择文字工具 **T**，选择文本"只要+1 技巧！"，在控制面板中设置文字大小，效果如图 9-46 所示。

图 9-44　　　　　　　　　图 9-45　　　　　　　　　图 9-46

（15）用相同的方法输入其他栏目文本，并填充相应的颜色，效果如图 9-47 所示。选择矩形工具 **▢**，在适当的位置拖曳鼠标指针绘制一个矩形，填充矩形为白色，并设置描边色为无，效果如图 9-48 所示。

图 9-47　　　　　　　　　　　　　　图 9-48

（16）保持矩形选择状态，选择"对象 > 角选项"命令，在弹出的"角选项"对话框中进行设置，如图 9-49 所示。单击"确定"按钮，效果如图 9-50 所示。

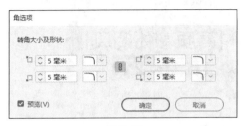 

图 9-49　　　　　　　　　　　　　　图 9-50

（17）选择文字工具 **T**，在矩形上拖曳出一个文本框架，输入需要的文本并选择文本，在控制面板中选择合适的字体并设置文字大小。设置文本填充色的 CMYK 值为 0、100、45、0，填充文本，效果如图 9-51 所示。在页面空白处单击，取消文本选择状态，美妆杂志封面制作完成，效果如图 9-52 所示。

图 9-51

图 9-52

9.1.2　设置基本布局

1. 文档窗口一览

在文档窗口中新建一个页面，如图 9-53 所示。

页面的结构性区域由以下的颜色标出。

- 黑线标明了跨页中每个页面的尺寸，细的阴影有助于从粘贴板中区分出跨页。
- 围绕页面外的红线代表出血区域。
- 围绕页面外的蓝线代表辅助信息区域。
- 品红线是边空线（或称版心线）。
- 紫线是分栏线。
- 其他颜色的线条是辅助线。当辅助线出现时，在被选择的情况下，辅助线的颜色显示为所在图层的颜色。

 提示 分栏线出现在版心线的前面。当分栏线正好在版心线之上时，会遮住版心线。

选择"编辑 > 首选项 > 参考线和粘贴板"命令，弹出"首选项"对话框，如图 9-54 所示。

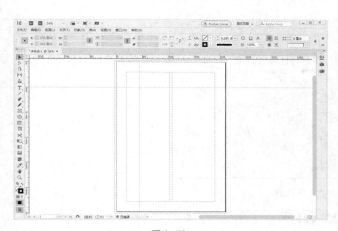

图 9-53

图 9-54

可以设置页边距和分栏参考线的颜色，以及粘贴板上出血和辅助信息区域参考线的颜色。还可以就对象需要距离参考线多近才能靠齐参考线、参考线显示在对象之前还是之后，以及粘贴板的大小进行设置。

2．更改文档设置

选择"文件 > 文档设置"命令，弹出"文档设置"对话框，单击"出血和辅助信息区"左侧的箭头按钮 ，展开"出血和辅助信息区"设置区，如图 9-55 所示。单击"调整版面"按钮，弹出"调整版面"对话框，如图 9-56 所示。指定文档选项，单击"确定"按钮，即可更改文档设置。

勾选"自动调整边距以适应页面大小的变化"复选框，可以按设置的页面大小自动调整边距。

3．更改页边距和分栏

在"页面"面板中选择要修改的跨页或页面，选择"版面 > 边距和分栏"命令，弹出"边距和分栏"对话框，如图 9-57 所示。

图 9-55

图 9-56

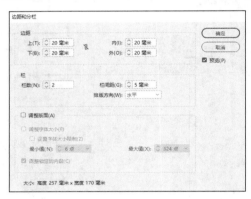

图 9-57

"边距和分栏"对话框中主要选项的功能如下。

● "边距"选项组：用于指定边距参考线到页面的各个边缘之间的距离。

● "栏"选项组："栏数"数值框用于设置要在边距参考线内创建的分栏的数目，"栏间距"数值框用于设置栏间的宽度值。

● "排版方向"下拉列表框：用于指定栏的方向是水平或垂直。

● "调整版面"复选框：勾选该复选框，其下方选项和复选框被激活，用于调整文档版面中的页面元素。

● "调整字体大小"复选框：勾选该复选框，可以按设置的页面大小和边距来修改文档中的字体大小。

● "设置字体大小限制"复选框：勾选该复选框，可以定义字体大小的上限值和下限值。

● "调整锁定的内容"复选框：勾选该复选框，可以调整版面中锁定的内容。

4. 创建不相等栏宽

在"页面"面板中选择要修改的跨页或页面，如图 9-58 所示。选择"视图 > 网格和参考线 > 锁定栏参考线"命令，解除栏参考线的锁定。选择选择工具 ▶，选择需要的栏参考线，按住鼠标左键将其拖曳到适当的位置，如图 9-59 所示。松开鼠标左键，效果如图 9-60 所示。

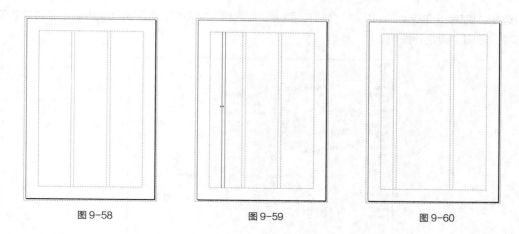

<table>
<tr><td>图 9-58</td><td>图 9-59</td><td>图 9-60</td></tr>
</table>

9.1.3 设置精确布局

1. 标尺和度量单位

可以为水平标尺和垂直标尺设置不同的度量系统。为水平标尺选择的度量系统将控制制表符、边距、缩进和其他度量。标尺的默认度量单位是毫米，如图 9-61 所示。

可以为屏幕上的标尺及面板和对话框设置度量单位。选择"编辑 > 首选项 > 单位和增量"命令，弹出"首选项"对话框，如图 9-62 所示，设置需要的度量单位，单击"确定"按钮。

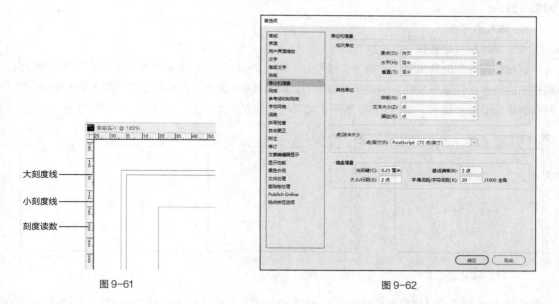

<table>
<tr><td>图 9-61</td><td>图 9-62</td></tr>
</table>

在标尺上单击鼠标右键，在弹出的菜单中选择单位来更改标尺单位。在水平标尺和垂直标尺的交叉点单击鼠标右键，可以同时为两个标尺更改标尺单位。

2. 网格

选择"视图 > 网格和参考线 > 显示 > 隐藏文档网格"命令，可显示或隐藏文档网格。

选择"编辑 > 首选项 > 网格"命令，弹出"首选项"对话框，如图 9-63 所示，设置需要的网格选项，单击"确定"按钮。

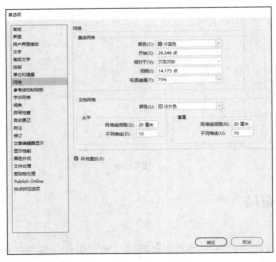

图 9-63

选择"视图 > 网格和参考线 > 靠齐文档网格"命令，将对象拖向网格，对象的一角将与网格 4 个角点中的一个靠齐，此操作多用于靠齐文档网格中的对象，按住 Ctrl 键可以靠齐网格中的 9 个特殊网眼位置。

3. 标尺参考线

（1）创建标尺参考线

将鼠标指针定位到水平（或垂直）标尺上，如图 9-64 所示。按住鼠标左键并拖曳到目标跨页上需要的位置，松开鼠标左键，创建标尺参考线，如图 9-65 所示。如果将参考线拖曳到粘贴板上，它将跨越该粘贴板和跨页，如图 9-66 所示。如果将它拖曳到页面上，它将变为页面参考线。

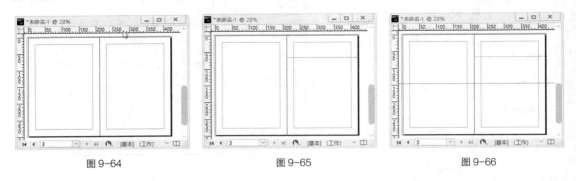

图 9-64　　　　　　　　　图 9-65　　　　　　　　　图 9-66

按住 Ctrl 键从水平或垂直标尺拖曳到目标跨页，可以在粘贴板不可见时创建跨页参考线。双击水平或垂直标尺上的特定位置，可在不拖曳的情况下创建跨页参考线。如果要将参考线与最近的刻度线对齐，可在双击标尺时按住 Shift 键。

选择"版面 > 创建参考线"命令，弹出"创建参考线"对话框，设置需要的选项，如图 9-67 所示。单击"确定"按钮，效果如图 9-68 所示。

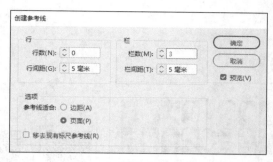

图 9-67

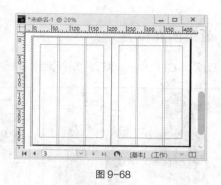

图 9-68

"创建参考线"对话框中主要选项的功能如下。

● "行数" / "栏数"数值框：用于指定要创建的行或栏的数目。

● "行间距" / "栏间距"数值框：用于指定行或栏的间距。

创建的栏在置入文本文档时不能控制文本排列。

● "参考线适合"选项：选择"边距"单选按钮，可在页边距内的版心区域创建参考线，选择"页面"单选按钮，可在页面边缘内创建参考线。

● "移去现有标尺参考线"复选框：勾选该复选框，可删除现有参考线（包括锁定或隐藏图层上的参考线）。

（2）编辑标尺参考线

选择"视图 > 网格和参考线 > 显示 > 隐藏参考线"命令，可显示或隐藏所有边距、栏和标尺参考线。选择"视图 > 网格和参考线 > 锁定参考线"命令，可锁定参考线。

按 Ctrl+Alt+G 组合键，选择目标跨页上的所有标尺参考线。选择一个或多个标尺参考线，按 Delete 键可删除参考线，也可以拖曳标尺参考线到标尺上将其删除。

9.2　使用主页

主页相当于一个可以快速应用到多个页面的背景，主页上的对象将显示在应用该主页的所有页面上，且显示在文档页面中同一图层的对象之后。对主页进行的更改将自动应用到关联的页面。

9.2.1　课堂案例——制作美妆杂志内页

案例学习目标

学习使用"置入"命令置入素材图片，使用"页面"面板编辑页面，使用文字工具和"段落"面板制作美妆杂志内页。

案例知识要点

使用"页码和章节选项"命令更改起始页码，使用边距和分栏命令调整版面。美妆杂志内页效果如图 9-69 所示。

◎ **效果所在位置**

云盘 > Ch09 > 效果 > 制作美妆杂志内页.indd。

扫码观看
制作美妆杂志
内页 1

扫码观看
制作美妆杂志
内页 2

图 9-69

1．制作主页内容

（1）选择"文件 > 新建 > 文档"命令，弹出"新建文档"对话框，相关设置如图 9-70 所示。单击"边距和分栏"按钮，弹出"新建边距和分栏"对话框，相关设置如图 9-71 所示，单击"确定"按钮，新建一个页面。选择"视图 > 其他 > 隐藏框架边缘"命令，将所绘制图形的框架边缘隐藏。

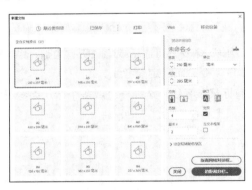

图 9-70

图 9-71

（2）选择"窗口 > 页面"命令，弹出"页面"面板，按住 Shift 键单击所有页面的图标，将其全部选择，如图 9-72 所示。单击面板右上方的 ≡ 按钮，在弹出的菜单中取消选择"允许选定的跨页随机排布"命令，如图 9-73 所示。

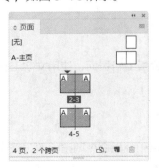

图 9-72

图 9-73

（3）双击第二页的页面图标，如图 9-74 所示。选择"版面 > 页码和章节选项"命令，弹出"页码和章节选项"对话框，相关设置如图 9-75 所示。单击"确定"按钮，"页面"面板显示如图 9-76 所示。

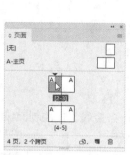

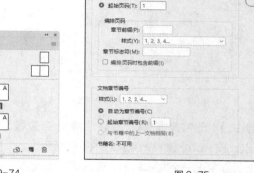

图 9-74   图 9-75   图 9-76

（4）在"状态栏"中单击"文档所属页面"选项右侧的 ∨ 按钮，在弹出的页码中选择"A-主页"选项。按 Ctrl+R 组合键，显示标尺。选择选择工具 ▶，在页面外拖曳出一条水平参考线，在控制面板中将"Y"轴选项设置为 280 毫米，如图 9-77 所示。按 Enter 键确定操作，效果如图 9-78 所示。

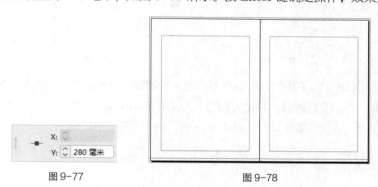

图 9-77   图 9-78

（5）选择选择工具 ▶，在页面中拖曳出一条垂直参考线，在控制面板中将"X"轴选项设置为 5 毫米，如图 9-79 所示。按 Enter 键确定操作，效果如图 9-80 所示。保持参考线的选择状态，并在控制面板中将"X"轴选项设置为 415 毫米，按 Alt+Enter 组合键确定操作，效果如图 9-81 所示。选择"视图 > 网格和参考线 > 锁定参考线"命令，将参考线锁定。

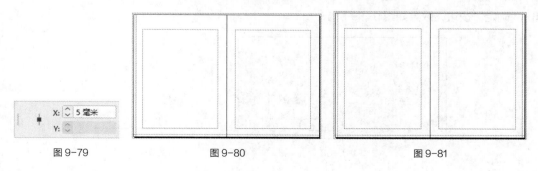

图 9-79   图 9-80   图 9-81

（6）选择文字工具 **T**，在页面左上角分别拖曳出两个文本框架，输入需要的文本。选择输入的文本，在控制面板中分别选择合适的字体并设置文字大小，取消文本选择状态，效果如图 9-82 所示。

（7）选择选择工具 ▶，选择文本"女装篇"。单击工具箱中的"格式针对文本"按钮 **T**，设置文本填充色的 CMYK 值为 0、68、100、43，填充文本，效果如图 9-83 所示。

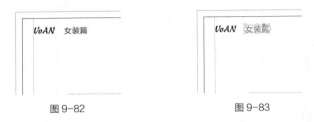

图 9-82   图 9-83

（8）选择直线工具 ╱，按 Shift 键在适当的位置拖曳鼠标指针绘制一条竖线，在控制面板中将"描边粗细"选项 ╎0.283 点 设置为 0.5 点，按 Enter 键，效果如图 9-84 所示。

（9）选择文字工具 **T**，在跨页右上角拖曳出一个文本框架，输入需要的文本。选择输入的文本，在控制面板中选择合适的字体并设置文字大小，效果如图 9-85 所示。

图 9-84   图 9-85

（10）选择矩形工具 ▢，按住 Shift 键在页面左下角绘制一个正方形，设置图形填充色的 CMYK 值为 0、68、100、43，填充图形，并设置描边色为无，效果如图 9-86 所示。在控制面板中将"旋转角度"选项 △ ╎0° 设置为 45°，按 Enter 键，效果如图 9-87 所示。

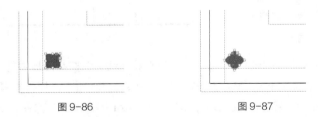

图 9-86   图 9-87

（11）选择"对象 > 角选项"命令，在弹出的"角选项"对话框中进行设置，如图 9-88 所示。单击"确定"按钮，效果如图 9-89 所示。

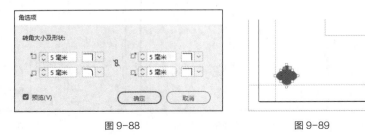

图 9-88   图 9-89

（12）选择文字工具 T ，在适当的位置拖曳出一个文本框架，按 Ctrl+Shift+Alt+N 组合键，在文本框架中添加自动页码，如图 9-90 所示。选择添加的页码，在控制面板中选择合适的字体并设置文字大小，效果如图 9-91 所示。

（13）选择选择工具 ▶ ，选择页码。选择"对象 > 适合 > 使框架适合内容"命令，使文本框架适合文本，如图 9-92 所示。

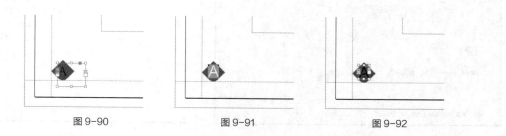

图 9-90   图 9-91   图 9-92

（14）选择选择工具 ▶ ，用框选的方法将图形和页码全部选中，按 Ctrl+G 组合键，将其编组，如图 9-93 所示。按住 Alt+Shift 组合键向右拖曳编组文本到跨页上适当的位置，复制页码，效果如图 9-94 所示。

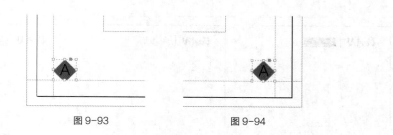

图 9-93   图 9-94

（15）单击"页面"面板右上方的 ≡ 按钮，在弹出的菜单中选择"直接复制主页跨页'A-主页'（C）"命令，将"A-主页"的内容直接复制到自动创建的"B-主页"中，"页面"面板如图 9-95 所示，页面效果如图 9-96 所示。

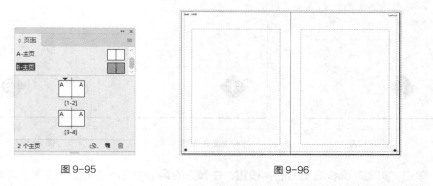

图 9-95   图 9-96

（16）选择"版面 > 边距和分栏"命令，弹出"边距和分栏"对话框，选项的设置如图 9-97 所示。单击"确定"按钮，页面如图 9-98 所示。

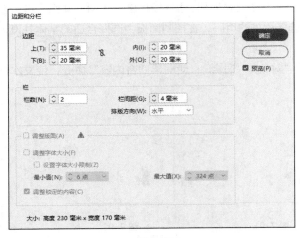

图 9-97

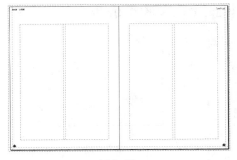

图 9-98

（17）放大显示视图。选择文字工具 T，选择文本"女装篇"，如图 9-99 所示。重新输入需要的文本，如图 9-100 所示。选择选择工具 ▶，选择文本，单击工具箱中的"格式针对文本"按钮 T，设置文本填充色的 CMYK 值为 0、100、100、43，填充文本，效果如图 9-101 所示。

图 9-99　　　　　　　　　　图 9-100　　　　　　　　　　图 9-101

（18）调整显示视图。选择直接选择工具 ▷，选择菱形，如图 9-102 所示。设置图形填充色的 CMYK 值为 0、100、100、43，填充图形，效果如图 9-103 所示。用相同的方法修改跨页上菱形的颜色，效果如图 9-104 所示。

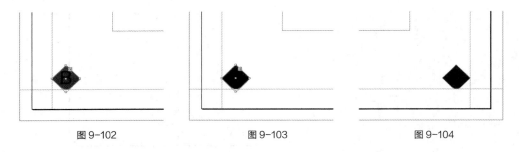

图 9-102　　　　　　　　　　图 9-103　　　　　　　　　　图 9-104

（19）单击"页面"面板右上方的 ≡ 按钮，在弹出的菜单中选择"将主页应用于页面"命令，如图 9-105 所示。在弹出的"应用主页"对话框中进行设置，如图 9-106 所示。单击"确定"按钮，"页面"面板如图 9-107 所示。

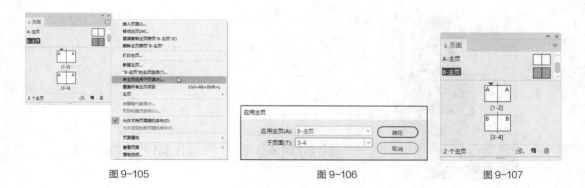

图 9-105　　　　　　　　　图 9-106　　　　　　　　　图 9-107

2. 制作内页 1 和 2

（1）在"状态栏"中单击"文档所属页面"选项右侧的 ∨ 按钮，在弹出的页码中选择"1"选项。选择"文件 > 置入"命令，弹出"置入"窗口，选择云盘中的"Ch09 > 素材 > 制作美妆杂志内页 > 01"文件，单击"打开"按钮，在页面空白处单击置入图片。选择自由变换工具 ，拖曳图片到适当的位置并调整其大小。选择选择工具 ，裁剪图片，效果如图 9-108 所示。

（2）在"页面"面板中双击选取页面"1"，单击"页面"面板右上方的 ≡ 按钮，在弹出的菜单中选择"覆盖所有主页项目"命令，将主页项目覆盖到页面中。按 Ctrl+Shift+[组合键，将图片置于最底层，效果如图 9-109 所示。

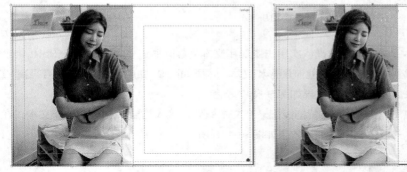

图 9-108　　　　　　　　　　　　　　　图 9-109

（3）选择"矩形"工具 ，在适当的位置拖曳鼠标指针绘制一个矩形，填充图形为白色。在控制面板中将"描边粗细"选项 0.283 点 设置为 0.5 点，按 Enter 键，效果如图 9-110 所示。

（4）选择文字工具 T ，在适当的位置拖曳出一个文本框架，输入需要的文本并选择文本，在控制面板中选择合适的字体并设置文字大小，效果如图 9-111 所示。

（5）选择椭圆工具 ，按住 Shift 键在适当的位置拖曳鼠标指针绘制一个圆形。按 Shift+X 组合键互换填色和描边，取消文本框的选择状态，效果如图 9-112 所示。

（6）选择钢笔工具 ，在适当的位置绘制一条折线，如图 9-113 所示。选择"窗口 > 描边"命令，弹出"描边"面板，在"终点箭头"选项的下拉列表框中选择"实心圆"选项，其他选项的设置如图 9-114 所示。按 Enter 键，效果如图 9-115 所示。

图 9-110

图 9-111

图 9-112

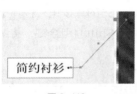

图 9-113

图 9-114

图 9-115

（7）选择选择工具 ▶，按住 Shift 键依次单击图形和文本将其同时选择，按住 Alt+Shift 组合键垂直向下拖曳图形和文本到适当的位置，复制图形和文本，效果如图 9-116 所示。选择文字工具 T，选择复制文本并重新输入需要的文本，效果如图 9-117 所示。

（8）选择文字工具 T，在适当的位置拖曳出一个文本框架，输入需要的文本并选择文本，在控制面板中选择合适的字体并设置文字大小，效果如图 9-118 所示。

图 9-116

图 9-117

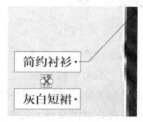

图 9-118

（9）用相同的方法再绘制一条折线，并设置相同的终点，效果如图 9-119 所示。分别选择并复制记事本文档中需要的文本。返回到 InDesign 页面中，选择文字工具 T，分别在适当的位置拖曳出文本框架，将复制的文本粘贴到文本框架中，分别选择输入的文本，在控制面板中分别选择合适的字体并设置文字大小，效果如图 9-120 所示。

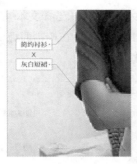

图 9-119   图 9-120

（10）选择文字工具 **T**，选择英文文本，在控制面板中单击"居中对齐"按钮▤，文本对齐效果如图 9-121 所示。设置文本填充色的 CMYK 值为 0、68、100、43，填充文本，取消选择文本，效果如图 9-122 所示。

（11）选择并复制记事本文档中需要的文本，返回到 InDesign 页面中，选择文字工具 **T**，在适当的位置拖曳出一个文本框架，将复制的文本粘贴到文本框架中。选择文本框中的文本，在控制面板中选择合适的字体并设置文本大小，填充文本为白色，效果如图 9-123 所示。

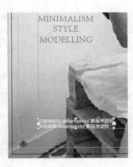

图 9-121   图 9-122   图 9-123

（12）在"页面"面板中双击选择页面"2"，选择"版面 > 边距和分栏"命令，弹出"边距和分栏"对话框，选项的设置如图 9-124 所示。单击"确定"按钮，页面如图 9-125 所示。

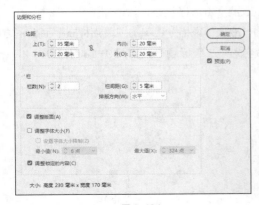

图 9-124   图 9-125

（13）选择并复制记事本文档中需要的文本，返回到 InDesign 页面中，选择文字工具 **T**，在适当的位置拖曳出一个文本框架，将复制的文本粘贴到文本框架中。选择文本框架中的文本，在控制面板中选择合适的字体并设置文字大小，效果如图 9-126 所示。在控制面板中将"字符间距"选项

$\boxed{\text{V/A}\ \updownarrow\ 0\ \ \ \vee}$ 设置为 100，按 Enter 键，效果如图 9-127 所示。

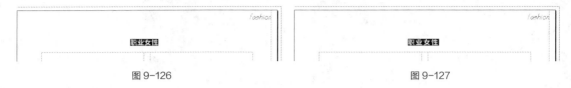

图 9-126   图 9-127

（14）保持文本选择状态，设置文本填充色的 CMYK 值为 0、68、100、43，填充文本，效果如图 9-128 所示。选择选择工具 ▶，选择文本，按 F11 键，弹出"段落样式"面板。单击面板下方的"创建新样式"按钮 ▣，生成新的段落样式并将其命名为"一级标题"，如图 9-129 所示。

图 9-128   图 9-129

（15）选择矩形工具 ▢，按住 Shift 键在文本左侧绘制一个正方形，设置正方形填充色的 CMYK 值为 0、68、100、43，填充正方形，并设置描边色为无，效果如图 9-130 所示。选择选择工具 ▶，按住 Alt+Shift 组合键水平向右拖曳正方形到适当的位置，复制正方形，效果如图 9-131 所示。

■ 职业女性   ■ 职业女性 ■

图 9-130    图 9-131

（16）分别选择并复制记事本文档中需要的文本，返回到 InDesign 页面中，选择文字工具 T，分别在适当的位置拖曳出文本框架，将复制的文本粘贴到文本框架中。分别选择文本框架中的文本，在控制面板中分别选择合适的字体并设置文字大小，取消文本选择状态，效果如图 9-132 所示。

（17）选择选择工具 ▶，选择文本"简约色系的'冷淡'风格"，单击"段落样式"面板下方的"创建新样式"按钮 ▣，生成新的段落样式并将其命名为"二级标题"，如图 9-133 所示。

图 9-132   图 9-133

（18）选择文字工具 T，选择需要的文本，在控制面板中将"行距"选项 $\boxed{\text{↑A}\ \updownarrow\ (14.4\ 点)\ \vee}$ 设置为 14

点，按 Enter 键，效果如图 9-134 所示。单击控制面板中的"居中对齐"按钮 ≡，取消选择文本，文本对齐效果如图 9-135 所示。

图 9-134   图 9-135

（19）选择矩形工具 □，在适当的位置绘制一个矩形，如图 9-136 所示。取消选择矩形，选择"文件 > 置入"命令，弹出"置入"窗口，选择云盘中的"Ch09 > 素材 > 制作美妆杂志内页 > 02"文件，单击"打开"按钮，在页面空白处单击置入图片。选择自由变换工具 ⊞，拖曳图片到适当的位置并调整其大小，效果如图 9-137 所示。

图 9-136   图 9-137

（20）按 Ctrl+X 组合键，将图片剪切到剪贴板上。选择选择工具 ▶，选择文字下方的矩形，选择"编辑 > 贴入内部"命令，将图片贴入矩形框的内部，并设置描边色为无，效果如图 9-138 所示。用相同方法标注右侧图片，效果如图 9-139 所示。

图 9-138   图 9-139

（21）选择并复制记事本文档中需要的文本，返回到 InDesign 页面中，选择文字工具 T，在适当的位置拖曳出一个文本框架，将复制的文本粘贴到文本框架中。选择文本框架中所有的文本，在控制面板中选择合适的字体并设置文字大小，效果如图 9-140 所示。在控制面板中将"行距"选项 ⊀⁣✧ (14.4 点) ✓ 设置为 12 点，按 Enter 键，效果如图 9-141 所示。

（22）选择选择工具 ，选择文本，单击"段落样式"面板下方的"创建新样式"按钮，生成新的段落样式并将其命名为"正文"，如图 9-142 所示。

图 9-140

图 9-141

图 9-142

（23）选择并复制记事本文档中需要的文本，返回到 InDesign 页面中，选择文字工具 **T**，在适当的位置拖曳出一个文本框架，将复制的文本粘贴到文本框架中，效果如图 9-143 所示。

（24）选择选择工具 ▶，选择文本框架中的文本，在"段落样式"面板中选择"正文"样式，如图 9-144 所示，文本效果如图 9-145 所示。

图 9-143

图 9-144

图 9-145

（25）使用相同方法置入其他图片并制作图 9-146 所示的效果，在状态栏中单击"文档所属页面"选项右侧的 按钮，在弹出的页码中分别选择"3""4"，使用上述相同方法制作出图 9-147 所示的效果。

图 9-146

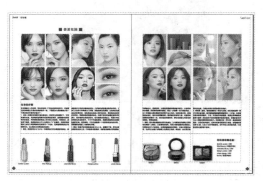
图 9-147

9.2.2　创建主页

可以从头开始创建新的主页，也可以利用现有主页或跨页创建主页。当主页应用于其他页面之后，对原主页所做的任何更改会自动反映到所有基于它创建的主页和文档页面中。

1. 从头开始创建主页

选择"窗口 > 页面"命令，弹出"页面"面板。单击面板右上方的 ≡ 按钮，在弹出的菜单中选择"新建主页"命令，如图 9-148 所示，弹出"新建主页"对话框，如图 9-149 所示。

图 9-148　　　　　　　　　　　　　　　　　　图 9-149

"新建主页"对话框中主要选项的功能如下。

- "前缀"文本框：用于标识"页面"面板中的各个页面所应用的主页，最多可以输入 4 个字符。
- "名称"文本框：用于设置主页跨页的名称。
- "基于主页"下拉列表框：用于选择一个以此主页跨页为基础的现有主页跨页，或选择"[无]"选项。
- "页数"文本框：用于设置主页跨页中要包含的页数，最多为 10。
- "页面大小"选项组：用于设置新建主页的"页面大小"和"页面方向"。

设置需要的选项，如图 9-150 所示。单击"确定"按钮，创建新的主页，如图 9-151 所示。

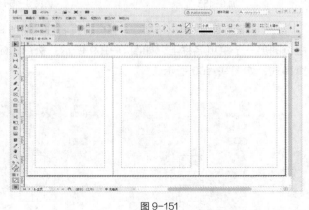

图 9-150　　　　　　　　　　　　　　　　　　图 9-151

2. 从现有页面或跨页创建主页

在"页面"面板中单击需要的跨页（或页面）图标，如图 9-152 所示。按住鼠标左键将其从"页面"部分拖曳到"主页"部分，如图 9-153 所示。松开鼠标左键，以现有跨页为基础创建主页，如图 9-154 所示。

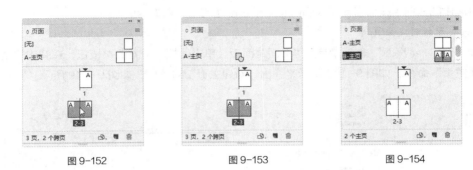

图 9-152   图 9-153   图 9-154

9.2.3 创建基于其他主页的主页

在"页面"面板中单击需要的主页图标，如图 9-155 所示。单击面板右上方的 ≡ 按钮，在弹出的菜单中选择"'C-主页'的主页选项"命令，弹出"主页选项"对话框。在"基于主页"下拉列表框中选择需要的主页，相关设置如图 9-156 所示。单击"确定"按钮，"C-主页"基于"B-主页"创建主页样式，效果如图 9-157 所示。

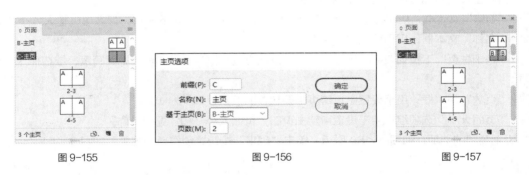

图 9-155   图 9-156   图 9-157

在"页面"面板中单击需要的主页跨页名称，如图 9-158 所示。按住鼠标左键将其拖曳到应用该主页的另一个主页名称上，如图 9-159 所示。松开鼠标左键，"B-主页"基于"C-主页"创建主页样式，如图 9-160 所示。

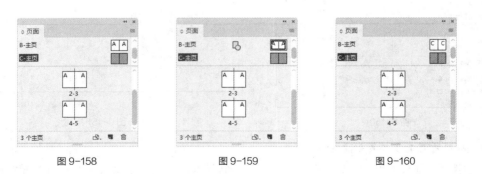

图 9-158   图 9-159   图 9-160

9.2.4　复制主页

在"页面"面板中单击需要的主页跨页名称，如图 9-161 所示。按住鼠标左键将其拖曳到"新建页面"按钮 上，如图 9-162 所示。松开鼠标左键，在文档中复制主页，如图 9-163 所示。

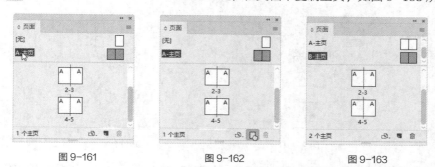

图 9-161　　　　　　　图 9-162　　　　　　　图 9-163

在"页面"面板中单击需要的主页跨页名称，单击面板右上方的 按钮，在弹出的菜单中选择"直接复制主页跨页'B-主页'"命令，可以在文档中复制主页。

9.2.5　应用主页

1. 将主页应用于页面或跨页

在"页面"面板中单击需要的主页图标，如图 9-164 所示，将其拖曳到要应用主页的页面图标上。当黑色矩形围绕页面时，如图 9-165 所示，松开鼠标左键，为页面应用主页，如图 9-166 所示。

图 9-164　　　　　　　图 9-165　　　　　　　图 9-166

在"页面"面板中单击需要的主页跨页图标，如图 9-167 所示，将其拖曳到跨页的角点上，如图 9-168 所示。当黑色矩形围绕跨页时，松开鼠标左键，为跨页应用主页，如图 9-169 所示。

图 9-167　　　　　　　图 9-168　　　　　　　图 9-169

2．将主页应用于多个页面

在"页面"面板中单击需要的页面图标，如图 9-170 所示。按住 Alt 键单击要应用的主页，将主页应用于多个页面，效果如图 9-171 所示。

图 9-170　　　　　　　　　　　图 9-171

在"页面"面板中单击需要的主页跨页名称，如图 9-172 所示。单击面板右上方的 ≡ 按钮，在弹出的菜单中选择"将主页应用于页面"命令，弹出"应用主页"对话框。在"应用主页"下拉列表框中指定要应用的主页，在"于页面"下拉列表框中指定需要应用主页的页面范围，相关设置如图 9-173 所示。单击"确定"按钮，将主页应用于选择的页面，如图 9-174 所示。

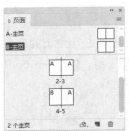  

图 9-172　　　　　　　　　　　图 9-173　　　　　　　　　　　图 9-174

9.2.6　取消指定的主页

在"页面"面板中单击需要取消主页的页面图标，如图 9-175 所示。按住 Alt 键单击"[无]"的页面图标，将取消指定的主页，效果如图 9-176 所示。

 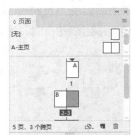

图 9-175　　　　　　　　　　　图 9-176

9.2.7　删除主页

在"页面"面板中单击要删除的主页，如图 9-177 所示。单击"删除选中页面"按钮 🗑，弹出提示对话框，如图 9-178 所示，单击"确定"按钮，删除主页，如图 9-179 所示。

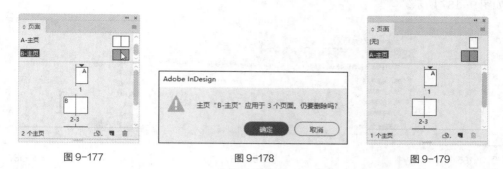

图 9-177　　　　　　　　　　图 9-178　　　　　　　　　　图 9-179

将选择的主页直接拖曳到"删除选中页面"按钮 🗑 上，可删除主页。单击面板右上方的 ☰ 按钮，在弹出的菜单中选择"删除主页跨页'1-主页'"命令，也可删除主页。

9.2.8　添加页码和章节编号

可以在页面上添加页码标记来指定页码的位置和外观。由于页码标记自动更新，当在文档内增加、移除或排列页面时，它所显示的页码总是正确的。页码标记可以与文本一样设置格式和样式。

1．添加自动页码

选择文字工具 T，在要添加页码的页面中拖曳出一个文本框架，如图 9-180 所示。选择"文字 > 插入特殊字符 > 标志符 > 当前页码"命令，或按 Ctrl+Shift+Alt+N 组合键，如图 9-181 所示。在文本框架中添加自动页码，如图 9-182 所示。

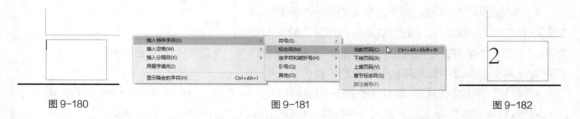

图 9-180　　　　　　　　　　　　图 9-181　　　　　　　　　　　　图 9-182

在页面区域显示主页，选择文字工具 T，在主页中拖曳出一个文本框架，如图 9-183 所示。在文本框架中单击鼠标右键，在弹出的快捷菜单中选择"插入特殊字符 > 标志符 > 当前页码"命令，在文本框架中添加自动页码，如图 9-184 所示，页码以该主页的前缀显示。

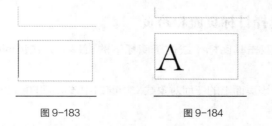

图 9-183　　　　　　图 9-184

2．添加章节编号

选择文字工具 T，在要显示章节编号的位置拖曳出一个文本框架，如图 9-185 所示。选择"文

字 > 文本变量 > 插入变量 > 章节编号"命令，如图 9-186 所示，在文本框架中添加自动的章节编号，如图 9-187 所示。

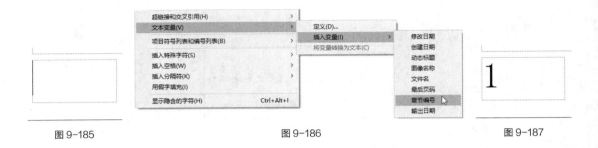

图 9-185   图 9-186   图 9-187

3. 更改页码和章节编号的格式

选择"版面 > 页码和章节选项"命令，弹出"页码和章节选项"对话框，如图 9-188 所示。设置需要的选项，单击"确定"按钮，可更改页码和章节编号的格式。

"页码和章页选项"对话框中主要选项的功能如下。

• "自动编排页码"单选按钮：选择该单选按钮，可让当前章节的页码跟随前一章节的页码，当在它前面添加页面时，文档或章节中的页码将自动更新。

• "起始页码"文本框：用于设置文档或当前章节第一页的起始页码。

• "章节前缀"文本框：用于为章节设置一个标签，包括要在前缀和页码之间显示的空格或标点符号。前缀的长度不应大于 8 个字符，不能为空，也不能为输入的空格，但可以是从文档窗口中复制和粘贴的空格字符。

图 9-188

• "样式"下拉列表框：可从中选择一种页码样式，该样式仅应用于本章节中的所有页面。

• "章节标志符"文本框：输入一个标签，InDesign CC 2019 会将其插入页面中。

• "编排页码时包含前缀"复选框：勾选该复选框，可在生成目录或索引时或在打印包含自动页码的页面时显示章节前缀；取消勾选该复选框，将在 InDesign CC 2019 中显示章节前缀，但在打印的文档、索引和目录中隐藏章节前缀。

9.2.9　确定并选择目标页面和跨页

在"页面"面板中双击其图标（或位于图标下的页码），在页面中确定并选择目标页面或跨页。

在文档中单击页面、该页面上的任何对象或文档窗口中该页面的粘贴板来确定并选择目标页面和跨页。

单击目标页面的图标，如图 9-189 所示，可在"页面"面板中选择该页面。在视图文档中确定的页面为第一页，要选择目标跨页，单击图标下的页码即可，如图 9-190 所示。

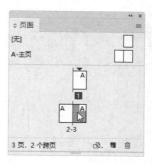

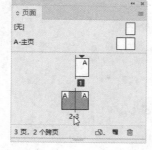

图 9-189 图 9-190

9.2.10 以两页跨页作为文档的开始

选择"文件 > 文档设置"命令，确定文档至少包含 3 个页面，已勾选"对页"复选框，单击"确定"按钮，效果如图 9-191 所示。设置文档的第一页为空，按住 Shift 键在"页面"面板中选择除第一页外的其他页面，如图 9-192 所示。

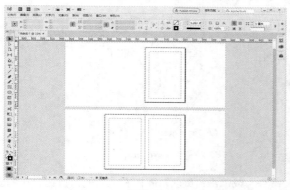

图 9-191 图 9-192

单击面板右上方的 ≡ 按钮，在弹出的菜单中取消选择"允许选定的跨页随机排布"命令，如图 9-193 所示，"页面"面板如图 9-194 所示。在"页面"面板中选择第一页，单击"删除选中页面"按钮 🗑，"页面"面板如图 9-195 所示，页面区域如图 9-196 所示。

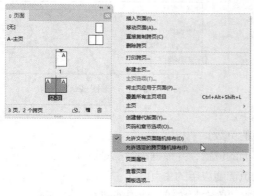

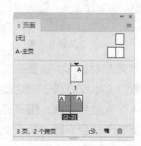

图 9-193 图 9-194

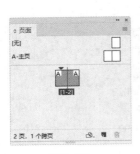

图 9-195

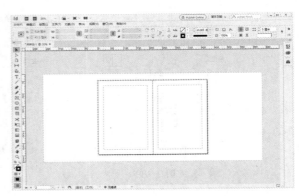

图 9-196

9.2.11 添加新页面

在"页面"面板中单击"新建页面"按钮 ，如图 9-197 所示，在活动页面或跨页之后添加一个新页面，如图 9-198 所示，新页面将与现有的活动页面使用相同的主页。

图 9-197

图 9-198

选择"版面 > 页面 > 插入页面"命令，或单击"页面"面板右上方的 ≡ 按钮，在弹出的菜单中选择"插入页面"命令，如图 9-199 所示，弹出"插入页面"对话框，如图 9-200 所示。

图 9-199

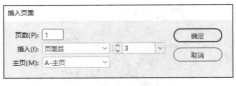

图 9-200

"插入页面"对话框中主要选项的功能如下。

- "页数"文本框：用于指定要添加页面的页数。
- "插入"下拉列表框：用于设置插入页面的位置，并根据需要指定页面。
- "主页"下拉列表框：用于设置添加的页面要应用的主页。

设置需要的选项，如图 9-201 所示，单击"确定"按钮，效果如图 9-202 所示。

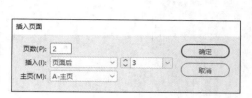

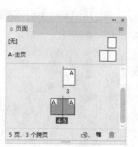

图 9-201　　　　　　　　　　　　　图 9-202

9.2.12　移动页面

选择"版面 > 页面 > 移动页面"命令，或单击"页面"面板右上方的 ≡ 按钮，在弹出的菜单中选择"移动页面"命令，如图 9-203 所示，弹出"移动页面"对话框，如图 9-204 所示。

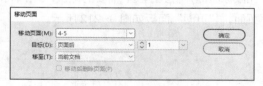

图 9-203　　　　　　　　　　　　　图 9-204

"移动页面"对话框中主要选项的功能如下。

● "移动页面"下拉列表框：用于指定要移动的一个或多个页面。

● "目标"下拉列表框：用于指定将移动到的位置，在其后的下拉列表框中可根据需要指定页面。

● "移至"下拉列表框：用于指定移动到的目标文档。

设置需要的选项，如图 9-205 所示，单击"确定"按钮，效果如图 9-206 所示。

图 9-205　　　　　　　　　　　　　图 9-206

在"页面"面板中单击需要的页面图标，如图 9-207 所示。按住鼠标左键将其拖曳至适当的位置，如图 9-208 所示。松开鼠标左键，将选择的页面移动到适当的位置，效果如图 9-209 所示。

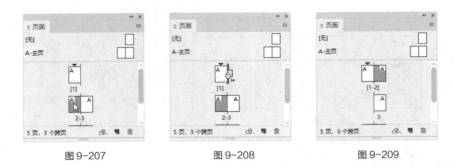

图 9-207　　　　　图 9-208　　　　　图 9-209

9.2.13　复制页面或跨页

在"页面"面板中单击需要的页面图标，按住鼠标左键并将其拖曳到面板下方的"新建页面"按钮 上，可复制页面。单击面板右上方的 按钮，在弹出的菜单中选择"直接复制页面"命令，也可复制页面。

按住 Alt 键在"页面"面板中单击需要的页面图标（或页面范围号码），如图 9-210 所示。按住鼠标左键并将其拖曳到需要的位置，当鼠标指针变为 时，如图 9-211 所示，在文档末尾生成新的页面，"页面"面板如图 9-212 所示。

图 9-210　　　　　图 9-211　　　　　图 9-212

提示　　复制页面或跨页也将复制页面或跨页上的所有对象，复制的跨页与其他跨页的文本串接将被打断，但复制的跨页内的所有文本串接将完整无缺，和原始跨页中的所有文本串接一样。

9.2.14　删除页面或跨页

在"页面"面板中，将一个或多个页面图标或页面范围号码拖曳到"删除选中页面"按钮 上，可删除页面或跨页。

在"页面"面板中，选择一个或多个页面图标，单击"删除选中页面"按钮 ，可删除页面或跨页。

在"页面"面板中，选择一个或多个页面图标，单击面板右上方的≡按钮，在弹出的菜单中选择"删除页面 > 删除跨页"命令，可删除页面或跨页。

课堂练习——制作房地产画册封面

课后习题——制作房地产画册内页

第 10 章
书籍制作

本章介绍

　　本章主要介绍书籍的制作方法，重点讲解目录的编辑技巧。通过本章的学习，读者可以利用 InDesign CC 2019 完成更加复杂的排版设计项目，提高专业排版水平。

课堂学习目标

- ✔ 掌握创建目录的方法
- ✔ 掌握创建书籍的技巧

10.1　创建目录

目录可以列出书籍、杂志或其他出版物的主要内容，可以显示插图列表、广告商或摄影人员名单，还可以包含有助于在文档或书籍文件中查找的信息。

10.1.1　课堂案例——制作美妆杂志目录

案例学习目标

学习使用文字工具、"段落样式"面板和"目录"命令制作美妆杂志目录。

案例知识要点

使用"置入"命令添加图片，使用"段落样式"面板、"字符样式"面板和"目录"命令提取目录。美妆杂志目录效果如图 10-1 所示。

效果所在位置

云盘 > Ch10 > 效果 > 制作美妆杂志目录.indd。

图 10-1

1. 添加装饰图片和文本

（1）选择"文件 > 新建 > 文档"命令，弹出"新建文档"对话框，相关设置如图 10-2 所示。单击"边距和分栏"按钮，弹出"新建边距和分栏"对话框，相关设置如图 10-3 所示，单击"确定"按钮，新建一个页面。选择"视图 > 其他 > 隐藏框架边缘"命令，将所绘制图形的框架边缘隐藏。

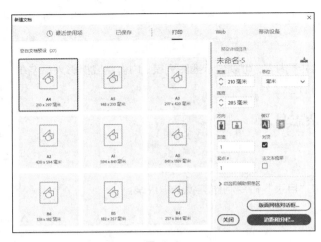

图 10-2

图 10-3

（2）选择文字工具 T ，分别在页面适当的位置拖曳出两个文本框架，输入需要的文本。选择输入的文本，在控制面板中分别选择合适的字体并设置文字大小，取消文本选择状态，效果如图 10-4 所示。

（3）选择选择工具 ▶ ，用框选的方法将输入的文本同时选择，在控制面板中将"X 切变角度"选项 ▰ ◌ 0° 设置为 10°，按 Enter 键，效果如图 10-5 所示。单击工具箱中的"格式针对文本"按钮 T ，设置文本填充色的 CMYK 值为 0、0、0、80，填充文本，效果如图 10-6 所示。

图 10-4   图 10-5   图 10-6

（4）选择直线工具 ／ ，按住 Shift 键在适当的位置拖曳鼠标指针绘制一条直线，在控制面板中将"描边粗细"选项 ◌ 0.283 点 设置为 0.5 点，按 Enter 键，效果如图 10-7 所示。

（5）选择"文件 > 置入"命令，弹出"置入"窗口，选择云盘中的"Ch10 > 素材 > 制作美妆杂志目录 > 01"文件，单击"打开"按钮，在页面中空白处单击置入图片。选择自由变换工具 ▦ ，将图片拖曳到适当的位置并调整其大小，选择选择工具 ▶ ，裁剪图片，效果如图 10-8 所示。

（6）选择文字工具 T ，在适当的位置拖曳出一个文本框架，输入需要的文本。选择输入的文本，在控制面板中选择合适的字体并设置文字大小，效果如图 10-9 所示。

图 10-7

图 10-8

图 10-9

（7）保持文本选择状态。按 Ctrl+T 组合键，弹出"字符"面板，将"倾斜"选项 T ⌄ 0° 设置为 10°，如图 10-10 所示，按 Enter 键，效果如图 10-11 所示。置入"02"文件，制作出图 10-12 所示的效果。

图 10-10

图 10-11

图 10-12

（8）选择文字工具 T，在适当的位置拖曳出一个文本框架，输入需要的文本。选择输入的文本，在控制面板中选择合适的字体并设置文字大小，效果如图 10-13 所示。设置文本填充色的 CMYK 值为 0、80、100、0，填充文本，取消文本选择状态，效果如图 10-14 所示。

（9）选择直线工具 ／，按住 Shift 键在适当的位置拖曳鼠标指针绘制一条直线，在控制面板中将"描边粗细"选项 ⌄ 0.283 点 ⌄ 设置为 0.5 点，按 Enter 键。设置描边色的 CMYK 值为 0、80、100、0，填充描边，效果如图 10-15 所示。

图 10-13

图 10-14

图 10-15

2. 提取目录

（1）按 Ctrl+O 组合键，打开云盘中的"Ch09 > 效果 > 制作美妆杂志内页.indd"文件，单击"打开"按钮，打开文件。选择"窗口 > 色板"命令，弹出"色板"面板，单击面板右上方的 ≡ 按钮，在弹出的菜单中选择"新建颜色色板"命令，弹出"新建颜色色板"对话框，相关设置如图 10-16 所示。单击"确定"按钮，"色板"面板如图 10-17 所示。

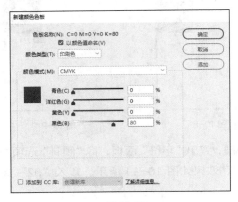

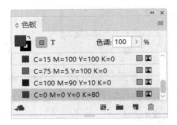

图 10-16　　　　　　　　　　　　　　　　图 10-17

（2）选择"文字 > 段落样式"命令，弹出"段落样式"面板，单击面板下方的"创建新样式"按钮 ，生成新的段落样式并将其命名为"目录标题"，如图 10-18 所示。

（3）单击"段落样式"面板下方的"创建新样式"按钮 ，生成新的段落样式并将其命名为"目录正文"，如图 10-19 所示。

图 10-18　　　　　　　　　　　　　　　　图 10-19

（4）双击"目录标题"样式，弹出"段落样式选项"对话框，单击"基本字符格式"选项，弹出相应的面板，选项的设置如图 10-20 所示。选择"字符颜色"选项，打开相应的面板，选择需要的颜色，如图 10-21 所示，单击"确定"按钮。

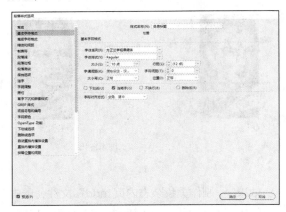

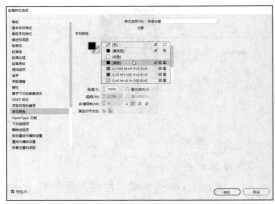

图 10-20　　　　　　　　　　　　　　　　图 10-21

（5）双击"目录正文"样式，弹出"段落样式选项"对话框，选择"基本字符格式"选项，对话框右边打开相应的面板，选项的设置如图 10-22 所示。选择"字符颜色"选项，对话框右边打开相应的面板，选择需要的颜色，如图 10-23 所示，单击"确定"按钮。

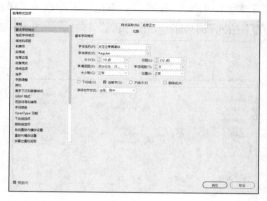

图 10-22

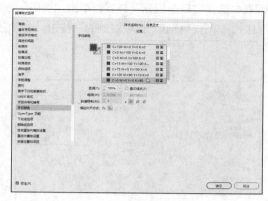

图 10-23

（6）选择"文字 > 字符样式"命令，弹出"字符样式"面板，如图 10-24 所示。单击面板下方的"创建新样式"按钮，生成新的字符样式并将其命名为"目录页码"，如图 10-25 所示。

图 10-24

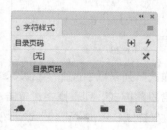

图 10-25

（7）双击"目录页码"样式，弹出"字符样式选项"对话框，选择"基本字符格式"选项，对话框右边打开相应的面板，选项的设置如图 10-26 所示。选择"高级字符格式"选项，对话框右边打开相应的面板，选项的设置如图 10-27 所示，单击"确定"按钮。

图 10-26

图 10-27

（8）选择"版面 > 目录"命令，弹出"目录"对话框，在"其他样式"列表框中选择"一级标题"样式，单击"添加"按钮，将"一级标题"添加到"包含段落样式"列表框中，如图 10-28 所示。在"样式：一级标题"选项组中单击"条目样式"选项右侧的 ∨ 按钮，在弹出的下拉列表中选择"目录标题"样式；单击"页码"选项右侧的 ∨ 按钮，在弹出的下拉列表中选择"条目前"样式；单击"样式"选项右侧的 ∨ 按钮，在弹出的下拉列表中选择"目录页码"样式，如图 10-29 所示。

图 10-28

图 10-29

（9）在"其他样式"列表框中选择"二级标题"样式，单击"添加"按钮，将"二级标题"添加到"包含段落样式"列表框中；单击"条目样式"选项右侧的 ∨ 按钮，在弹出的下拉列表中选择"目录正文"样式；单击"页码"选项右侧的 ∨ 按钮，在弹出的下拉列表中选择"无页码"样式，如图 10-30 所示。单击"确定"按钮，在页面空白处拖曳鼠标指针，提取目录，效果如图 10-31 所示。

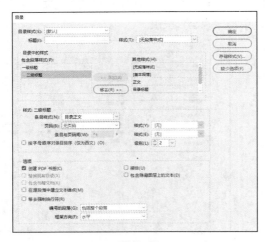

图 10-30

图 10-31

（10）选择选择工具▶，选择目录文本，按 Ctrl+X 组合键剪切目录文本。返回到正在编辑的目录页面中，按 Ctrl+V 组合键粘贴目录文本。

（11）选择文字工具T，在目录文本中选择文本“职业女性”，如图 10–32 所示。按 Ctrl+C 组合键复制文本。在适当的位置拖曳出一个文本框架，按 Ctrl+V 组合键，将复制的文本粘贴到文本框架中，效果如图 10–33 所示。

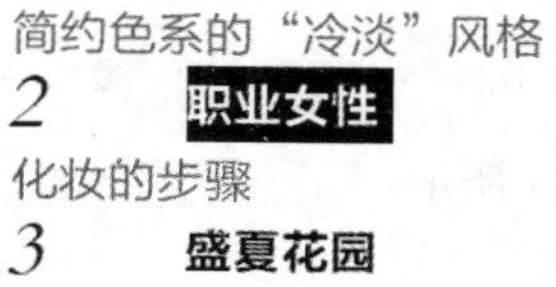
简约色系的“冷淡”风格
2 职业女性
化妆的步骤
3 盛夏花园
图 10–32

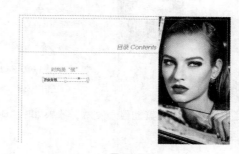

目录 Contents
时尚美“装”
图 10–33

（12）选择文字工具T，在目录文本中选择页码“2”，如图 10–34 所示。按 Ctrl+C 组合键复制文本。在适当的位置拖曳出一个文本框架，按 Ctrl+V 组合键将复制的文本粘贴到文本框架中，效果如图 10–35 所示。

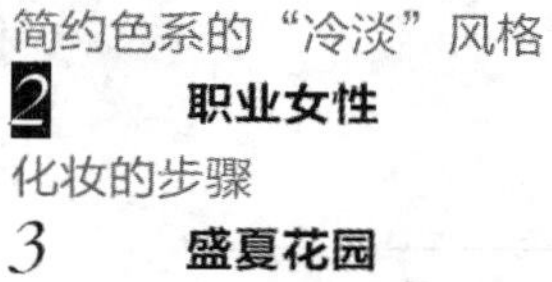
简约色系的“冷淡”风格
2 职业女性
化妆的步骤
3 盛夏花园
图 10–34

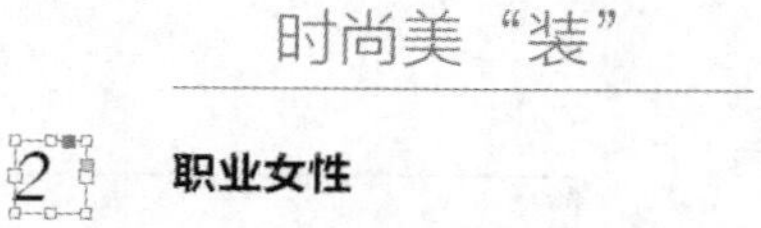
时尚美“装”
2 职业女性
图 10–35

（13）选择文字工具T，在数字“2”左侧单击插入光标，输入需要的数字，效果如图 10–36 所示。用相同的方法选择并复制其他文本，效果如图 10–37 所示。

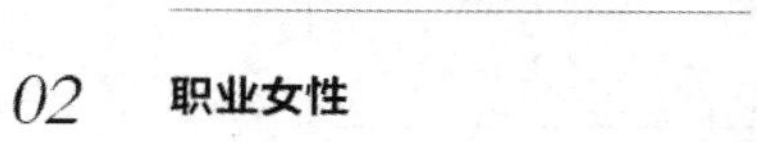
时尚美“装”
02 职业女性
图 10–36

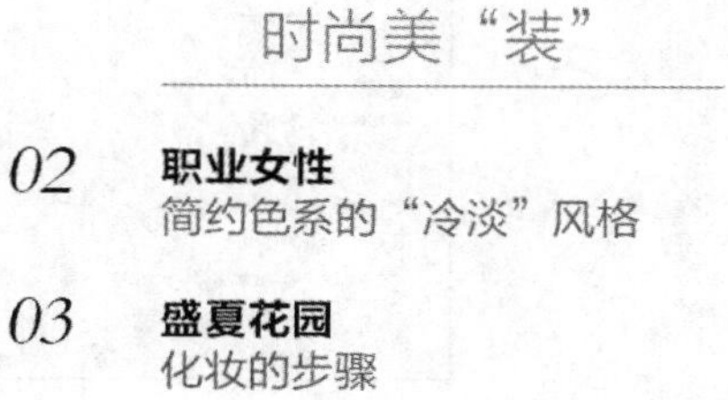
时尚美“装”
02 职业女性
简约色系的“冷淡”风格
03 盛夏花园
化妆的步骤
图 10–37

（14）选择直线工具╱，按住 Shift 键在适当的位置拖曳鼠标指针绘制一条竖线，效果如图 10–38 所示。选择“窗口 > 描边”命令，弹出“描边”面板，在“类型”选项的下拉列表框中选择“虚线”选项，其他选项的设置如图 10–39 所示，线条效果如图 10–40 所示。

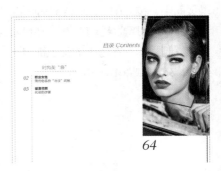

图 10-38　　　　　　　　　　图 10-39　　　　　　　　　图 10-40

（15）重复上述步骤提取其他目录文本，效果如图 10-41 所示。至此，美妆杂志目录制作完成。

10.1.2　生成目录

生成目录前，应先确定应包含的段落（如章、节标题），并为每个段落定义段落样式，确保将这些样式应用于单篇文档或编入书籍的多篇文档中的所有相应段落。

在创建目录时，应在文档中添加新页面。选择"版面 > 目录"命令，弹出"目录"对话框，如图 10-42 所示。

图 10-41

图 10-42

"目录"对话框中主要选项的功能如下。

● "标题"文本框：用于设置目录标题，目录标题将显示在目录顶部；如要设置标题的格式，可从"样式"下拉列表框中选择一个样式。

● "其他样式"列表框：双击该列表框中的段落样式，可将其添加到"包含段落样式"列表框中，以确定目录包含的内容。

- "创建 PDF 书签"复选框：勾选该复选框，将文档导出为 PDF 时，在 Adobe Acrobat 8 或 Adobe Reader 的"书签"面板中显示目录条目。

- "替换现有目录"复选框：勾选该复选框，替换文档中所有现有的目录文章。

- "包含书籍文档"复选框：勾选该复选框，为书籍列表中的所有文档创建一个目录，重编该书的页码；如果只想为当前文档生成目录，则取消勾选此复选框。

- "编号的段落"下拉列表框：若目录中包括使用编号的段落样式，指定目录条目是"包括整个段落"（编号和文本）、"只包括编号"，或是"只包括段落"。

- "框架方向"下拉列表框：指定要用于创建目录的文本框架的排版方向。

- "更多选项"按钮：单击该按钮，将弹出设置目录样式的选项，如图 10-43 所示。

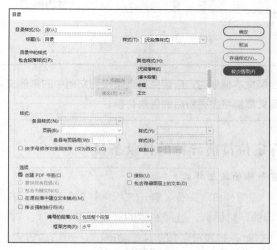

图 10-43

- "条目样式"下拉列表框：对应"包含段落样式"中的每种样式，选择一种段落样式应用到相关联的目录条目。

- "页码"下拉列表框：用于选择页码的位置，在右侧的"样式"选项中选择页码需要的字符样式。

- "条目与页码间"下拉列表框：用于指定要在目录条目及其页码之间显示的字符，可以在弹出的列表中选择其他特殊字符，在右侧的"样式"下拉列表框中选择需要的字符样式。

- "按字母顺序对条目排序（仅为西文）"复选框：勾选该复选框，将按字母顺序对选择样式中的目录条目进行排序。

- "级别"下拉列表框：默认情况下，"包含段落样式"列表框中添加的每个项目比它的直接上层项目低一级，可以通过为选择的段落样式指定新的级别编号来更改这一层次。

- "接排"复选框：勾选该复选框，所有目录条目接排到某一个段落中。

- "包含隐藏图层上的文本"复选框：勾选该复选框，在目录中包含隐藏图层上的段落；当创建其自身在文档中为不可见文本的广告商名单或插图列表时，应勾选此复选框。

设置需要的选项，如图 10-44 所示。单击"确定"按钮，将出现载入文本符，在页面中需要的位置拖曳出文本框架，创建目录，如图 10-45 所示。

图 10-44 　　　　　　　　　　　　　　　　　图 10-45

 提示

　　　　拖曳出目录文本框架时，应避免将其串接到文档中的其他文本框架上。如果替换现有目录，则整篇文章都将被更新后的目录替换。

10.1.3 创建具有定位符前导符的目录条目

1. 创建具有定位符前导符的段落样式

选择"窗口 > 样式 > 段落样式"命令，弹出"段落样式"面板。双击应用目录条目的段落样式的名称，弹出"段落样式选项"对话框，选择左侧的"制表符"选项，对话框右侧打开相应的面板，如图 10-46 所示。单击"右对齐制表符"按钮，在标尺上单击放置定位符，在"前导符"选项中输入一个句点"."，如图 10-47 所示，单击"确定"按钮，创建具有制表符前导符的段落样式。

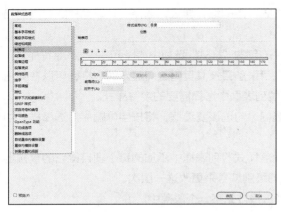

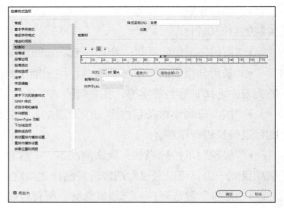

图 10-46 　　　　　　　　　　　　　　　　　图 10-47

2. 创建具有定位符前导符的目录条目

选择"版面 > 目录"命令，弹出"目录"对话框，在"包含段落样式"列表框中选择在目录显示中带定位符前导符的项目，在"条目样式"选项的下拉列表框中选择包含定位符前导符的段落样式。

单击“更多选项”按钮，在“条目与页码间”选项的文本框中输入“^t”，如图 10-48 所示。单击“确定”按钮，创建具有定位符前导符的目录条目，如图 10-49 所示。

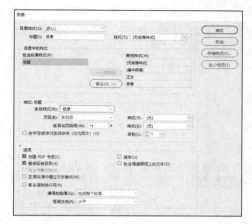

图 10-48

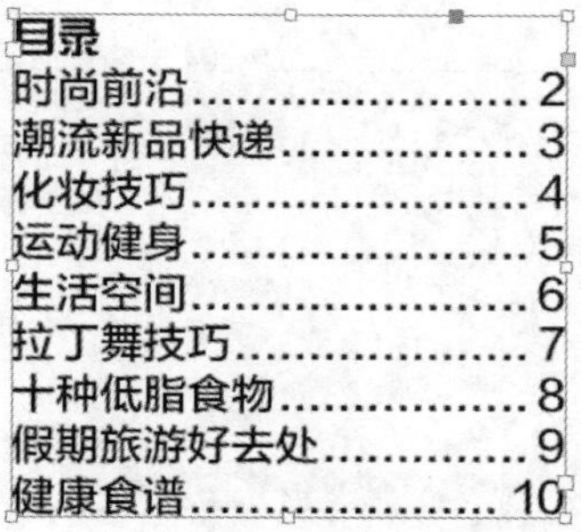

目录
时尚前沿........................2
潮流新品快递................3
化妆技巧........................4
运动健身........................5
生活空间........................6
拉丁舞技巧....................7
十种低脂食物................8
假期旅游好去处............9
健康食谱......................10

图 10-49

10.2 创建书籍

书籍文件是一个可以共享样式、色板、主页及其他项目的文档集合。可以按顺序给编入书籍文件的文档进行页面编号、打印书籍文件中选择的文档，或者将它们导出为 PDF 文件。

10.2.1 课堂案例——制作美妆杂志

案例学习目标

学习使用“书籍”面板制作美妆杂志。

案例知识要点

使用“新建书籍”命令和“添加文档”命令制作美妆杂志。“制作美妆杂志”面板如图 10-50 所示。

效果所在位置

云盘 > Ch10 > 效果 > 制作美妆杂志.indb。

制作美妆杂志
制作美妆杂志封面 1
制作美妆杂志目录 2
制作美妆杂志内页 1-4

扫码观看
制作美妆杂志

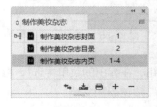

图 10-50

（1）选择"文件 > 新建 > 书籍"命令，弹出"新建书籍"窗口，将文件命名为"制作美妆杂志"，如图 10-51 所示。单击"保存"按钮，弹出"制作美妆杂志"面板，如图 10-52 所示。

（2）单击面板下方的"添加文档"按钮 + ，弹出"添加文档"对话框，分别选择"制作美妆杂志封面""制作美妆杂志目录""制作美妆杂志内页"选项，单击"打开"按钮，将其添加到"制作美妆杂志"面板中，如图 10-53 所示。

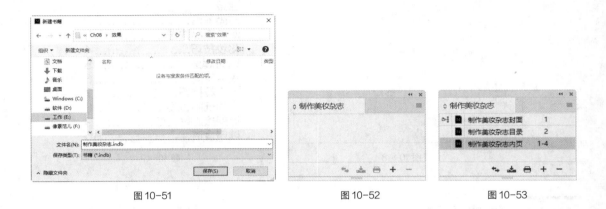

图 10-51　　　　　　　　　　　图 10-52　　　　　　　　　　　图 10-53

（3）单击"制作美妆杂志"面板下方的"存储书籍"按钮 ，美妆杂志制作完成。

10.2.2　在书籍中添加文档

选择"文件 > 新建 > 书籍"命令，弹出"新建书籍"窗口，将文件命名为"书籍"，单击"保存"按钮，弹出"书籍"面板，如图 10-54 所示。单击面板下方的"添加文档"按钮 + ，弹出"添加文档"窗口，选择需要的文件，如图 10-55 所示。单击"打开"按钮，在"书籍"面板中添加文档，如图 10-56 所示。

图 10-54　　　　　　　　　　　图 10-55　　　　　　　　　　　图 10-56

也可以单击"书籍"面板右上方的 ≡ 按钮，在弹出的菜单中选择"添加文档"命令，弹出"添加文档"窗口，选择需要的文档，单击"打开"按钮添加文档。

10.2.3 管理书籍文件

每个打开的书籍文件均显示在"书籍"面板中各自的选项卡中，如果同时打开了多本书籍，则单击某个选项卡可将对应的书籍调至前面，从而访问其面板菜单。

在文档条目后面的图标表示当前文档的状态。

- 没有图标出现表示该书籍文件已关闭。
- ● 图标表示文档已打开。
- ❓图标表示文档被移动、重命名或删除。
- ⚠图标表示在书籍文件关闭后，文档被编辑过或页码被重新编排过。

1. 存储书籍

单击"书籍"面板右上方的 ≡ 按钮，在弹出的菜单中选择"将书籍存储为"命令，弹出"将书籍存储为"对话框。指定一个位置和文件名，单击"保存"按钮，可使用新名称存储书籍。

单击"书籍"面板右上方的 ≡ 按钮，在弹出的菜单中选择"存储书籍"命令，将书籍保存。

单击"书籍"面板下方的"存储书籍"按钮 📥，保存书籍。

2. 关闭书籍文件

单击"书籍"面板右上方的 ≡ 按钮，在弹出的菜单中选择"关闭书籍"命令，关闭单个书籍。

单击"书籍"面板右上方的 ✖ 按钮，可关闭一起停放在同一面板中的所有打开的书籍。

3. 删除书籍文档

在"书籍"面板中选择要删除的文档，单击面板下方的"移去文档"按钮 ➖，从书籍中删除选择的文档。

在"书籍"面板中选择要删除的文档，单击"书籍"面板右上方的 ≡ 按钮，在弹出的菜单中选择"移去文档"命令，从书籍中删除选择的文档。

4. 替换书籍文档

单击"书籍"面板右上方的 ≡ 按钮，在弹出的菜单中选择"替换文档"命令，弹出"替换文档"对话框。指定一个文档，单击"打开"按钮，可替换选择的文档。

课堂练习——制作房地产画册目录

课后习题——制作房地产画册

第 11 章
综合设计实训

本章介绍

　　本章的综合设计实训案例，均来自商业设计项目真实情境。通过本章的学习，读者可以牢固掌握 InDesign CC 2019 的排版方法和使用技巧，并能应用所学知识完成专业的商业设计。

课堂学习目标

- ✔ 掌握 InDesign CC 2019 的基础用法
- ✔ 了解 InDesign CC 2019 的常用设计领域
- ✔ 了解 InDesign CC 2019 在不同设计领域的用途

11.1　宣传单设计——制作招聘宣传单

宣传单设计

扫码观看
制作招聘
宣传单 1

扫码观看
制作招聘
宣传单 2

11.2　杂志设计——制作《食客厨房》杂志封面

杂志设计

扫码观看
制作《食客厨
房》杂志封面

11.3　包装设计——制作牛奶包装

包装设计

扫码观看
制作牛奶包装 1

扫码观看
制作牛奶包装 2

课堂练习——设计手表画册封面

课堂练习
设计手表画册
封面

扫码观看
设计手表画册
封面

课后习题——设计手表画册内页

扩展知识扫码阅读

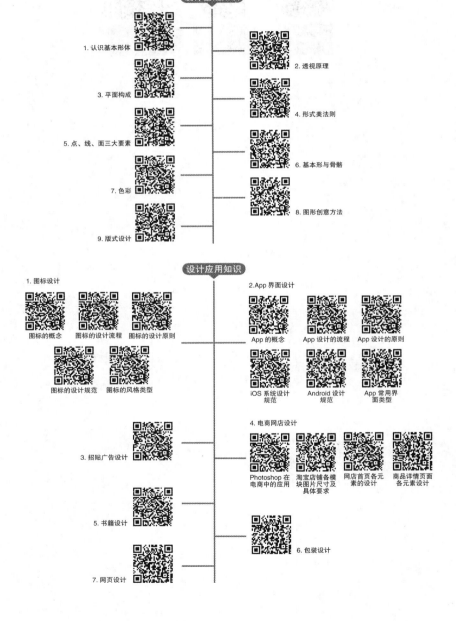

设计基础知识

1. 认识基本形体

3. 平面构成

5. 点、线、面三大要素

7. 色彩

9. 版式设计

2. 透视原理

4. 形式美法则

6. 基本形与骨骼

8. 图形创意方法

设计应用知识

1. 图标设计

图标的概念　图标的设计流程　图标的设计原则

图标的设计规范　图标的风格类型

3. 招贴广告设计

5. 书籍设计

7. 网页设计

2.App 界面设计

App 的概念　App 设计的流程　App 设计的原则

iOS 系统设计规范　Android 设计规范　App 常用界面类型

4. 电商网店设计

Photoshop 在电商中的应用　淘宝店铺各模块图片尺寸及具体要求　网店首页各元素的设计　商品详情页面各元素设计

6. 包装设计